高校工科专业精品课程系列教材

Pro/ENGINEER WildFire
三维造型及应用实验指导

孙海波　陈　功　主编

东南大学出版社
·南京·

图书在版编目(CIP)数据

Pro/ENGINEER WildFire 三维造型及应用实验指导/孙海波,陈功主编.—南京:东南大学出版社,2008.9(2014.6重印)

ISBN 978-7-5641-1355-1

Ⅰ.P… Ⅱ.①孙… ②陈… Ⅲ.机械设计:计算机辅助设计—应用软件 Pro/ENGINEER WildFire Ⅳ. TH122

中国版本图书馆 CIP 数据核字(2008)第 129569 号

Pro/ENGINEER WildFire 三维造型及应用实验指导

出版发行	东南大学出版社(南京市四牌楼2号 邮编210096)
电　话	(025)83793191(发行);57711295(传真)
出 版 人	江建中
责任编辑	黄 惠
经　销	全国新华书店经销
排　版	南京理工大学印刷厂
印　刷	南京京新印刷厂
版　次	2008 年 9 月第 1 版 2014 年 6 月第 4 次印刷
开　本	787mm×1092mm 1/16
印　张	7.25
字　数	181 千字
印　数	5501—6500 册
书　号	ISBN 978-7-5641-1355-1
定　价	20.00 元(附赠教学素材光盘一张)

前　言

　　Pro/ENGINEER 是 1988 年由美国 PTC(参数技术公司)推出的集成了 CAD/CAM/CAE 于一体的全方位的 3D 产品开发软件,在世界 CAD/CAM 领域具有领先地位并取得了相当的成功。广泛应用于电子、机械、模具、工业设计、汽机车、自行车、航天、家电、玩具等各行业,是目前世界上最为流行的三维 CAD/CAM 软件。其特点为:(1)全参数化设计;(2)全相关,即不论在 3D 实体还是 2D 工程图上作尺寸修正,其相关的 2D 图形或 3D 实体均自动修改,同时装配、制造等相关设计也会自动修改;(3)基于特征的实体建模。该软件是工程技术人员和工科学生掌握计算机三维辅助设计方法的重要课程。

　　本实验指导书的主要内容包括:(1)Pro/ENGINEER 野火版的工作界面;(2)2D 参数化草图的绘制及标注;(3)基础特征的建立;(4)工程特征的建立;(5)基准特征的建立;(6)曲面特征的建立与应用;(7)特征的复制与操作;(8)各种高级特征及应用;(9)零部件的装配;(10)工程图纸的创建;(11)综合应用实验。其目的和任务是使读者掌握利用 Pro/ENGINEER 进行零部件的三维参数化设计的方法与技能,能够使用一种全新的思维方式和方法完成实体造型、装配设计及曲面造型等设计工作。

　　建议将本实验指导书和由孙海波和陈功主编、东南大学出版社出版的《Pro/ENGINEER WildFire 4.0 三维造型及应用》一书配套使用。在随书光盘中有大量的组合体和零件三维造型的源文件,内容包括有作者制作的覆盖全书所有课程的 CAI 课件及课件中所用的所有三维造型和装配实例的源文件、教程中造型实例的源文件以及本实验指导书中造型的实例,读者如有需要,可以在 Pro/ENGINEER 中使用"工具"菜单下的"模型播放器"打开以重新再现模型的建立过程。当然,各位读者在使用这样的一个软件的时候想必已经注意到:即使是同一个模型,它的造型方法和过程也不是唯一的。例如"直孔"特征的建立,可以直接使用"孔工具"来创建,也可以使用切除材料的"拉伸工具"或者"旋转工具"甚至"扫描工具"来创建。Pro/ENGINEER 是一门实践性很强的课程,只有通过大量的练习,不断地积累经验,才能更好地掌握软件的操作方法和技能。编者希望通过本套教程,能够起到使读者举一反三和抛砖引玉的效果。相信读者一定会体验到使用 Pro/ENGINEER 这样一个世界高端的三维软件进行造型和设计的乐趣。

编　者

2008 年 5 月

光盘使用说明

为了便于读者的学习,我们精心制作了随书的光盘。

光盘中包含以下三部分内容:

1.《Pro/ENGINEER WildFire 4.0 三维造型及应用》电子教案及其附图。

2.《Pro/ENGINEER WildFire 4.0 三维造型及应用》一书中所有插图的源文件。

3.《Pro/ENGINEER WildFire 三维造型及应用实验指导》一书中所有插图的源文件。

电子教案的使用方法:

(1) 本电子教案覆盖了本教程所有的教学内容,包括有动画插放的幻灯片 300 张左右。

(2) 建议将电子教案的全部文件复制到电脑硬盘中。

(3) 电子教案的播放需要安装 Macromedia Flash Player 8 以上的 flash 播放器。在使用过程中,使用键盘上的 PgDn 键进行翻页,单击鼠标的左键控制动画播放。

(4) 电子教案的文件夹命名为"Chap ×",×为与教程相对应的章节号,如"Chap 1"对应书中第 1 章的内容。

(5) 各文件中包含有电子教案和教案中所用到的图例的源文件。文件的命名和电子教案中的图号也是相对应的。例如 Chap 3 中文件"J3-eg1.prt"直接对应于电子教案中标记为"J3-eg1"的图例。

教程和实验指导书配书光盘的使用方法:

(1) 建议将光盘中的全部文件复制到电脑硬盘中。

(2) 配书光盘的文件夹命名为"Chap ×",×为与教程相对应的章节号,如"Chap 1"对应书中第一章的内容。读者在使用时直接将该目录设置为 Pro/ENGINEER 的工作目录即可方便地使用。

(3) 光盘中的文件命名和书中的图号是相对应的。例如 Chap 3 中文件"3-12.prt"直接对应于书中图 3.12 所示的模型。

(4) 光盘中的书中插图文件,是在 Pro/ENGINEER WildFire 4.0 中完成的,可以在 Pro/ENGINEER WildFire 4.0 或更高版本中打开并进行编辑修改。

(5) 在学习的过程中,读者可以按照书中所讲的步骤自行完成这些实例模型的创建;也可以在 Pro/ENGINEER 环境中将这些文件打开,选择"工具"菜单下的"模型播放器"打开如下图所示软件自带的"模型播放器",界面重新再现模型

从开始至结束的建立过程,在此过程中可以显示当前特征的尺寸和相关信息,从而达到学习的目的。

目　录

实验一　Pro/ENGINEER 野火版工作界面

一、实验目的与要求

1. 了解 Pro/ENGINEER 软件的特点和三维建模的原理；熟悉 Pro/ENGINEER 野火版的工作界面，了解其主菜单、工具栏、导航器的切换与设置、菜单管理器、模型树的概念和相关操作；掌握工具栏和屏幕的定制方法以及环境的设置方法。

2. 了解 Pro/ENGINEER 中不同文件的类型及其与标准 Windows 应用程序文件不同的有关操作，了解进程的概念，掌握建立、保存、拭除和删除文件的方法。

3. 了解模型的四种不同的显示方式及切换的方法，掌握模型显示控制的方法以及如何定向不同的视图方向，能够熟练使用鼠标完成对于三维模型的缩放、平移、旋转等操作。

4. 熟练掌握图层的概念以及对于图层的新建、删除、隐藏、取消隐藏等操作；知道在图层中增加和删除对象的操作。

5. 了解系统颜色的设置方法，掌握对于三维实体模型以及表面的颜色和外观的设置方法。

6. 了解模型单位的设置和造型模板的设置和应用；掌握零件造型环境中对于特征、曲面、边线和点的选择方法。

7. 学会利用 Pro/ENGINEER 的资源中心掌握在线帮助文件的使用。

二、实验内容与步骤

1. 进入 Pro/ENGINEER 野火版的工作界面，建立第一个三维模型。

（1）开机进入 Windows，从"开始"菜单或桌面快捷方式进入 Pro/ENGINEER 野火版界面。

（2）选择"文件"菜单的"新建"选项，在打开的"新建"对话框中选择 Part 模式，接受缺省的零件名称 prt0001，允许使用缺省模板，进入零件造型模块。

（3）单击"基础特征"工具栏上的拉伸工具按钮 或选择"插入"菜单下的"拉伸…"菜单项，Pro/ENGINEER 将弹出如图 1.1 所示的拉伸工具操控板。

（4）单击操控板或"放置"上滑面板上的"定义"按钮创建将要拉伸的二维截面。

（5）在弹出的如图 1.2 所示的"草绘"对话框中选取 FRONT 基准面作为草绘平面，指

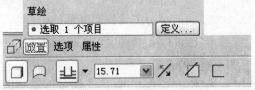

图 1.1　拉伸工具操控板

定 RIGHT 面(如图 1.3 所示)为参照平面,法线方向向右;然后单击"草绘",进入"草绘器"。

(6) 草绘一个矩形的二维截面,接受缺省的尺寸标注。单击 ✓ 退出"草绘器"。

(7) 接受系统缺省的拉伸深度值。

(8) 单击操控板的 ✓ ,完成拉伸特征的建立,得到一个长方体模型。

图 1.2 "草绘"对话框

图 1.3 "参照"对话框

2. 熟悉 Pro/ENGINEER 野火版环境,了解主菜单、工具栏、导航器、菜单管理器、模型树的有关操作,包括工具栏和环境的定制、模型树的打开和关闭、如何改变模型的显示模式等。

3. 练习有关文件建立、打开、删除、从内存中拭除等各种操作;了解 Pro/ENGINEER 中文件与标准 Windows 应用程序中文件的不同操作。

4. 自己练习使用选择"视图"菜单下的"颜色和外观"选项,系统将弹出一名为"外观编辑器"的对话框,在此对话框中可以为实体零件或曲面设置新的不同的颜色。

5. 自行练习设置不同的模型视图方向(主视图、俯视图、左视图、后视图、仰视图、右视图)并命名保存。

6. 打开模型树窗口,在模型树窗口中右击刚刚建立的特征,从弹出的快捷菜单中选择"编辑"菜单项,自己练习改变模型的数值,充分体会参数化实体造型的含义。

7. 打开资源中心窗口,练习使用资源中心搜索查询相关的帮助文件。

三、实验报告作业及思考题

1. Pro/ENGINEER 野火版的工作界面由哪几部分组成?

2. 如何打开、关闭模型树和资源中心? 如何改变模型树和资源中心的宽度大小?

3. 如何进行工具栏和屏幕的定制?

4. Pro/ENGINEER 中文件的打开、保存、拭除及删除操作与标准的 Windows 应用程序有何不同?

5. Pro/ENGINEER 中模型的显示模式有哪些? 如何设置、命名保存和删除不同的模型视图方向?

6. 如何控制三维模型中相切边、隐藏线的显示方式？

7. 三键鼠标在 Pro/ENGINEER 中有什么样的作用？如何使用？

8. 如何在 Pro/ENGINEER 中设置模型的颜色与外观？

9. Pro/ENGINEER 中的工作目录有何作用？如何设置工作目录？

10. Pro/ENGINEER 中对象的选择方法如何？如何利用"过滤器"选择所需要的对象类型？

实验二 2D 参数化草图的绘制及标注

一、实验目的与要求

1. 了解 Pro/ENGINEER 中参数化草图的概念和二维草绘的工作环境。
2. 掌握二维参数化草图的绘制与尺寸标注的方法和技巧。
3. 熟练使用几何工具对草图中的几何图元进行编辑和修改操作。
4. 掌握改变草图约束条件的各种方法。

二、实验内容与步骤

1. 在计算机上建立自己的 Pro/ENGINEER 工作目录,将以后实验中所建立的文件都存放在这一工作目录中。

2. 应用二维参数化草图的绘制与尺寸标注的方法和技巧分别完成图 2.1～图 2.12 参数化草图的绘制;并分别以"ep2-1.prt"～"ep2-12.prt"的名称保存在自己的工作目录下,以备后续课程的上机实验调用。

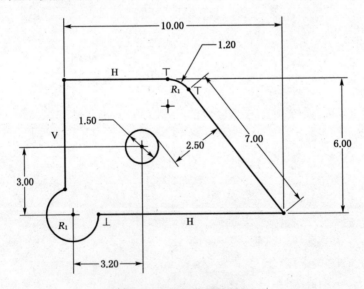

图 2.1 参数化草图绘制(1)

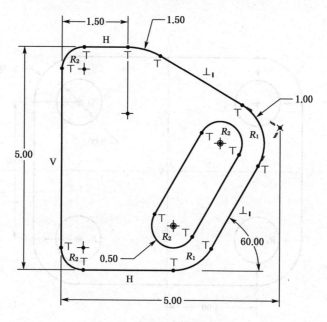

图 2.2　参数化草图绘制(2)

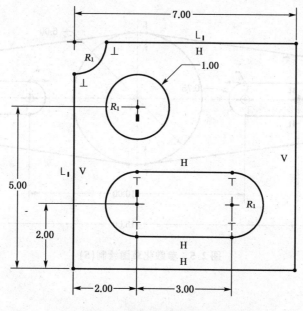

图 2.3　参数化草图绘制(3)

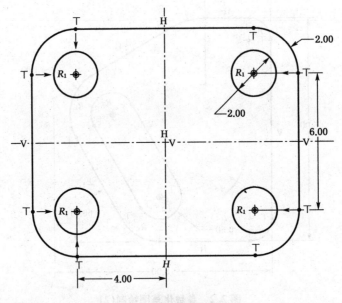

图 2.4　参数化草图绘制(4)

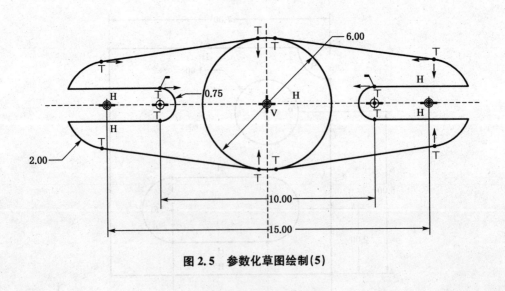

图 2.5　参数化草图绘制(5)

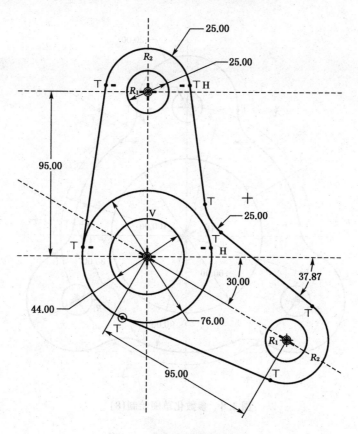

图 2.6　参数化草图绘制(6)

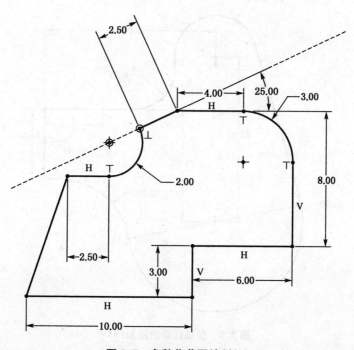

图 2.7　参数化草图绘制(7)

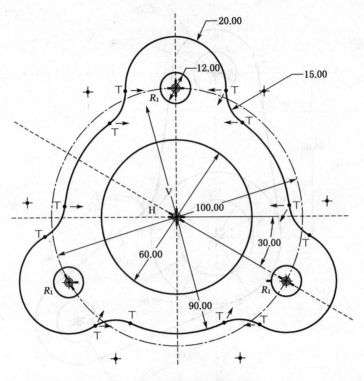

图 2.8　参数化草图绘制(8)

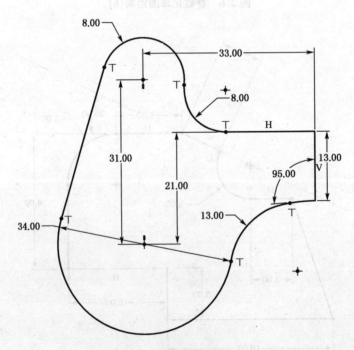

图 2.9　参数化草图绘制(9)

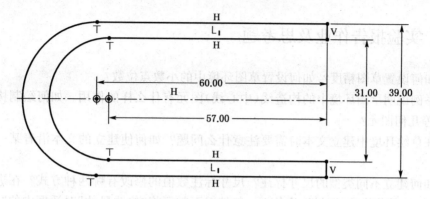

图 2.10　参数化草图绘制(10)

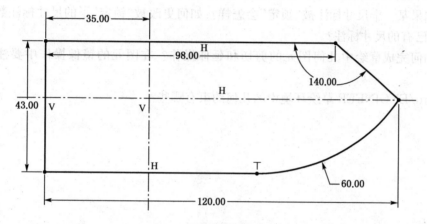

图 2.11　参数化草图绘制(11)

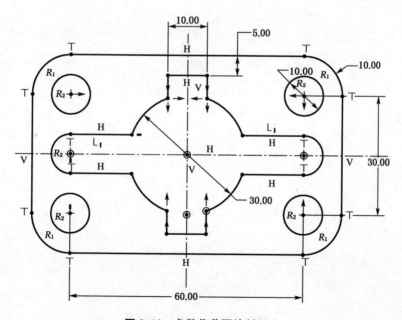

图 2.12　参数化草图绘制(12)

三、实验报告作业及思考题

1. 如何设置草图精度？如何设置草图环境中的小数点位数？

2. 举例说明草图环境中的构造线（中心线）图元有什么样的作用。如何绘制构造线的圆、椭圆等几何图元？

3. 在草绘环境中建立文本时需要注意什么问题？如何使建立的文本沿着某一条曲线放置？

4. 如何建立不同类型的尺寸标注？尺寸标注数值的修改有哪两种方式？在进行整体性的尺寸标注数值修改的时候，为什么一般情况下需要将"修改尺寸"对话框中的"再生"复选框去除勾选？该对话框中的"锁定比例"复选框有什么作用？

5. 如果某一个尺寸标注被"锁定"会怎样？如何更改被"锁定"了的尺寸标注数值？如何"替换"已有的尺寸标注？

6. 如何完成草绘中几何图元的剪切和延伸操作？在图元的镜像操作中要注意什么问题？

7. Pro/ENGINEER 草绘环境中的几何约束有哪些？

实验三　基础特征的建立

一、实验目的与要求

1. 熟悉 Pro/ENGINEER 中基础特征创建的菜单结构、子菜单和操控面板的使用。
2. 熟练掌握建立 Pro/ENGINEER 各种增加材料的基础特征(Protrusion,软件菜单中译作"伸出项")的方法,包括
- 拉伸特征(Extrude)的建立
- 旋转特征(Revolve)的建立
- 扫描特征(Sweep)的建立
- 混合特征(Blend)的建立
- 拉伸、旋转、扫描、混合的薄板特征(Thin,软件菜单中译作"薄板伸出项")的建立
- 拉伸、旋转、扫描、混合的切除材料(Cut,软件菜单中译作"切口")特征的建立
- 拉伸、旋转、扫描、混合的薄板切除材料特征(Thin Cut,软件菜单中译作"薄板切口")的建立
3. 能够对已建立的基础特征进行简单的数值修改。
4. 掌握二维参数化草图的绘制与尺寸标注的方法和技巧,熟练使用几何工具对草图进行必要的编辑和修改操作;能够调用已经保存的二维草绘截面文件到当前零件造型的草绘环境中,完成零件的三维建模。

二、实验内容与步骤

1. 自己设计简单的基础特征造型实例,熟悉各种基础特征创建的菜单结构和子菜单,熟练掌握建立 Pro/ENGINEER 各种基础特征的方法。
2. 调用实验二中所建立的参数化草图文件,建立相应的拉伸特征的实体模型。
3. 用 Pro/ENGINEER 完成图 3.1～图 3.4 所示的零件造型,并分别以"ep3-1. prt"～"ep3-4. prt"名保存在自己的工作目录下;没有给定尺寸数值的模型尺寸自行确定。
4. 利用拉伸特征等,建立如图 3.5 所示的模型,尺寸自选,以"ep3-5. prt"名保存。
5. 利用拉伸特征等完成如图 3.6 所示模型的创建,以"ep3-6. prt"名保存。
主要过程如下:
(1) 以 FRONT 基准面为草绘平面,建立图 3.7 所示的薄体拉伸特征。
(2) 以 RIGHT 基准面为草绘平面,建立图 3.8 所示去除材料的拉伸特征。

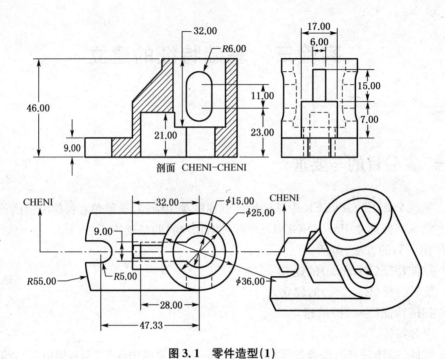

剖面 CHENI-CHENI

图 3.1 零件造型(1)

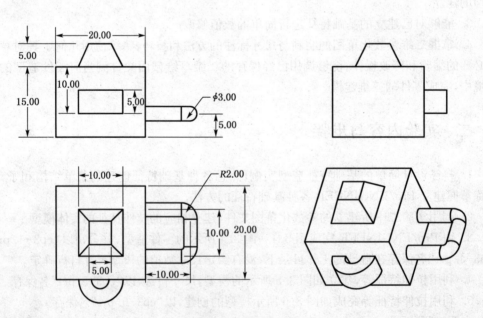

图 3.2 零件造型(2)

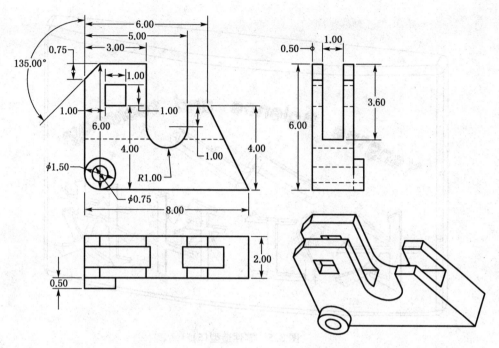

图 3.3　零件造型(3)

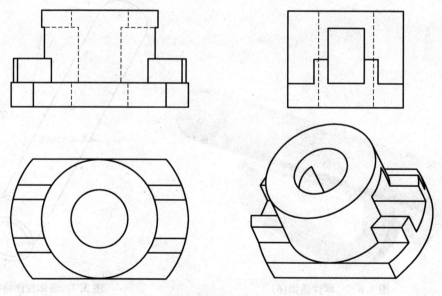

图 3.4　零件造型(4)

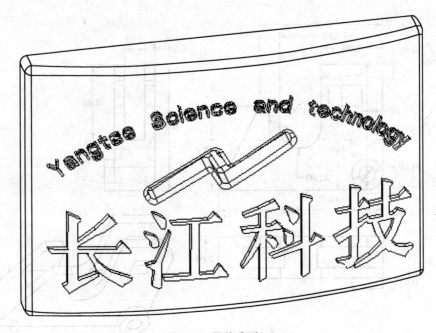

图 3.5　零件造型(5)

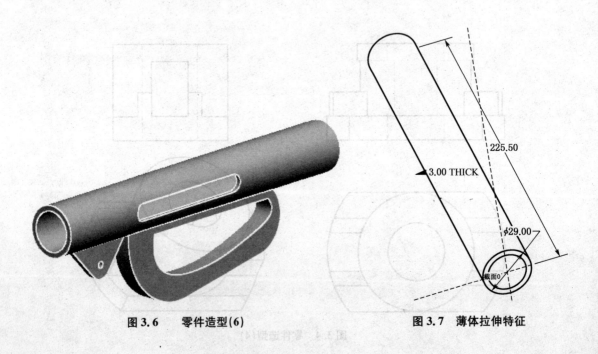

图 3.6　零件造型(6)　　　　　　　　　图 3.7　薄体拉伸特征

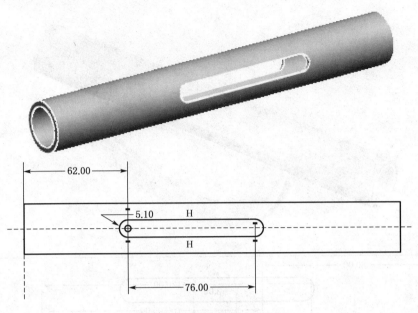

图 3.8 去除材料的拉伸特征

（3）以 RIGHT 基准面为草绘平面，建立图 3.9 所示拉伸特征，拉伸长度为对称方式，拉伸尺寸为 5。

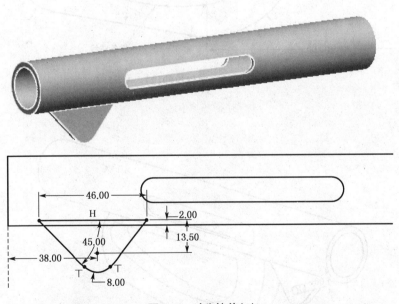

图 3.9 对称拉伸(1)

（4）以 RIGHT 基准面为草绘平面，建立图 3.10 所示拉伸特征，拉伸长度为对称方式，拉伸尺寸为 12。

（5）最后以"同轴的"定位方式建立一个穿透的孔特征，孔的直径为 4 mm，如图 3.11 所示。

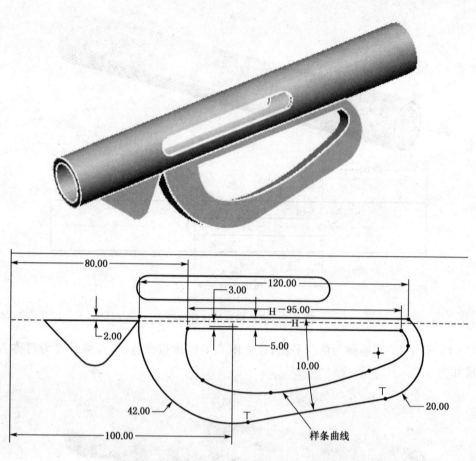

图 3.10   对称拉伸(2)

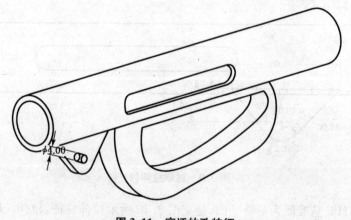

图 3.11   穿透的孔特征

6. 利用旋转特征等完成图 3.12 所示模型的创建,以"ep3-7.prt"保存。

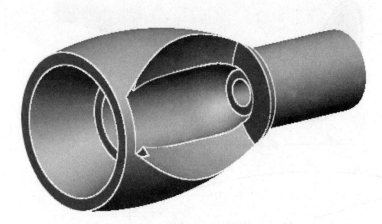

图 3.12 零件造型(6)

主要过程如下:

(1) 以 TOP 基准面为草绘平面,创建图 3.13 所示拉伸特征。

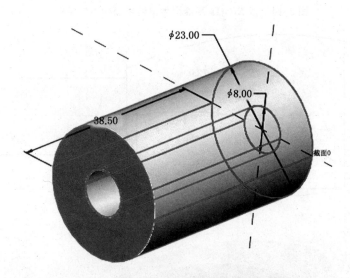

图 3.13 以 TOP 基准面为草绘平面的拉伸特征

(2) 以 RIGHT 基准面为草绘平面,创建图 3.14 所示旋转特征。

(3) 以 FRONT 基准面为草绘平面,创建图 3.15 所示的切除材料的旋转特征,旋转的角度为 360°。

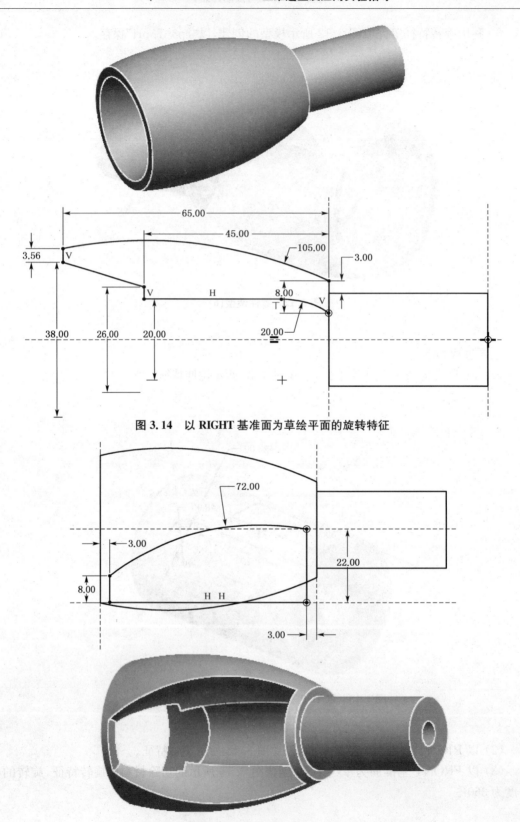

图 3.14　以 RIGHT 基准面为草绘平面的旋转特征

图 3.15　以 FRONT 基准面为草绘平面的切除材料的旋转特征

7. 如图 3.16、图 3.17 所示,创建扫描特征,通过图 3.18、图 3.19、图 3.20、图 3.21 四个图例比较"伸出项"、"薄板伸出项"、"切口"和"薄板切口"建模方式的区别。

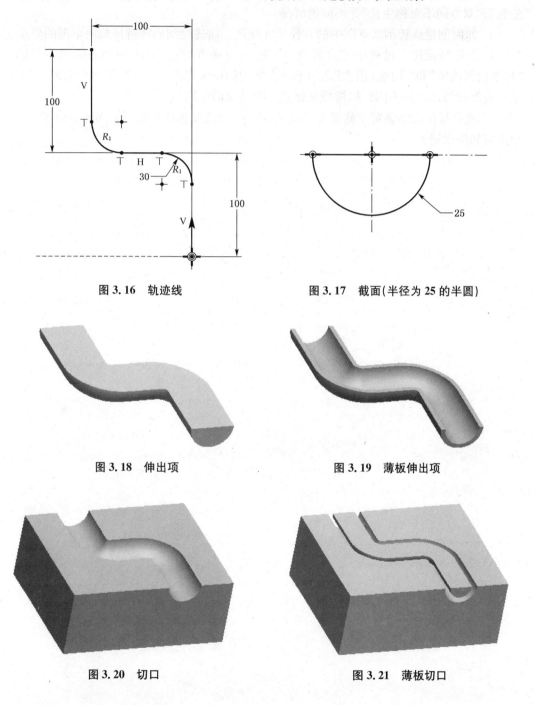

图 3.16 轨迹线   图 3.17 截面(半径为 25 的半圆)

图 3.18 伸出项   图 3.19 薄板伸出项

图 3.20 切口   图 3.21 薄板切口

三、实验报告作业及思考题

1. 比较拉伸、旋转、扫描和混合四种基础特征的"伸出项"、"薄板伸出项"、"切口"和"薄板切口"建模方式有什么区别和联系？自己尝试构造不同特征建立方法来建立三维模型。

2. 练习在基础特征的建立过程中设置特征的生长属性为"单方向生长"、"双方向对称生长"、"双方向不对称生长"等不同的情况。

3. 如何创建旋转剖面草图中的直径尺寸标注？简述绘制旋转特征截面草图的要求。

4. 扫描特征建立过程中，"合并终点"和"自由端点"选项对于造型的结果有何影响？"增加内部因素"和"无内部因素"适用于什么样的扫描轨迹线？对于特征截面有何不同的要求？造型的结果有何不同？扫描特征建立失败可能的原因是什么？

5. 混合特征的创建对于截面有什么要求？如何改变截面的起始点和起始方向？双重顶点应如何设置？

实验四 工程特征的建立

一、实验目的与要求

1. 熟悉 Pro/ENGINEER 工程特征创建的命令激活方法。
2. 熟练掌握建立 Pro/ENGINEER 各种基础特征的方法,包括:

- 孔特征的建立
- 圆角特征的建立
- 倒角特征的建立
- 切削与隆起特征的建立

- 加强筋特征的建立
- 抽壳特征的建立
- 管道特征的建立
- 拔模斜度特征的建立

3. 熟练掌握在零件造型模块中建立各种方式的剖截面的方法。(单一剖切、旋转剖切、阶梯剖切)

二、实验内容与步骤

1. 自己设计工程特征造型实例,熟悉各种工程特征创建的菜单结构,熟练掌握建立 Pro/ENGINEER 各种工程特征的方法。

2. 用 Pro/ENGINEER 造型图 4.1 和图 4.2 所示的零件,分别以"ep4-1. prt"、"ep4-2. prt"存盘。

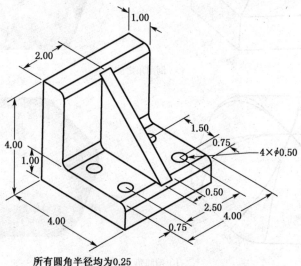

所有圆角半径均为0.25

图 4.1 零件(1)

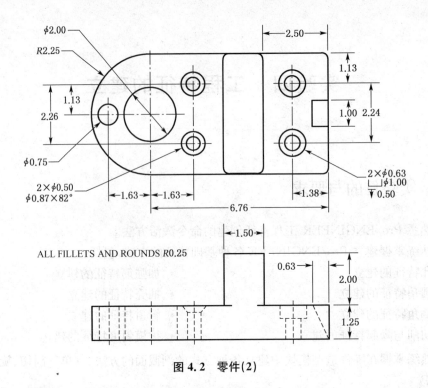

ALL FILLETS AND ROUNDS R0.25

图 4.2 零件(2)

3. 建立如图 4.3 所示的六角形盖子,其底部剖面是一边长为 60 的正六边形,底部和锥部高分别为 24 和 30,最大圆角为 R25,抽壳厚度为 6,请造型该零件,并以"ep4-3.prt"存盘。

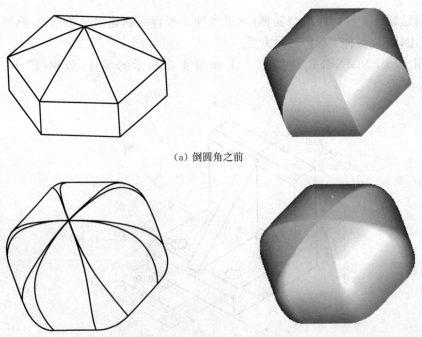

(a) 倒圆角之前

(b) 倒圆角之后

图 4.3 六角形盖子

4. 图 4.4、4.5 为两个未标注尺寸的零件,请以合理的尺寸来建立这两个零件的造型。分别以"ep4-4. prt"、"ep4-5. prt"存盘。

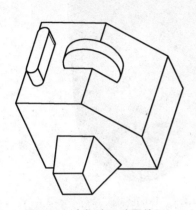

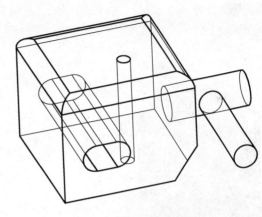

图 4.4　未标注尺寸零件(1)　　　　　　　图 4.5　未标注尺寸零件(2)

5. 利用旋转、扫描、抽壳等特征实现图 4.6 所示的茶杯的造型,以"ep4-6. prt"存盘。

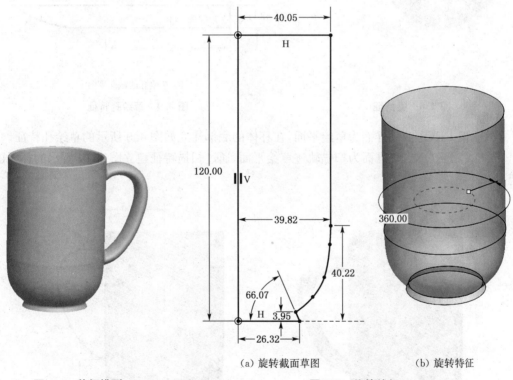

图 4.6　茶杯模型　　　　　　　　　　　　　　(a) 旋转截面草图　　　　　(b) 旋转特征

图 4.7　旋转特征

主要步骤如下:

(1) 以 FRONT 基准面为草绘平面,建立如图 4.7 所示的旋转特征。

(2) 建立如图 4.8 所示的壳特征,壳的厚度为 2.33,杯体上面的面为要去除的面。

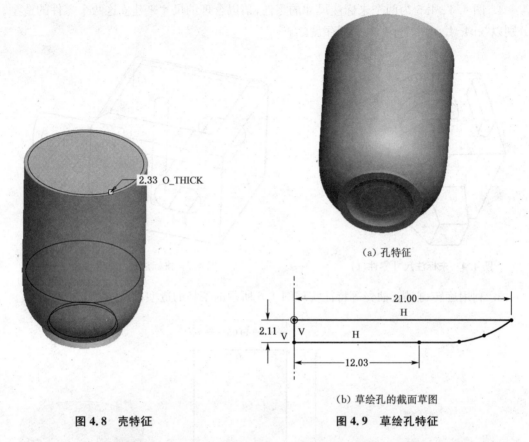

2.33 O_THICK

(a) 孔特征

21.00

H

2.11 V   V   H

12.03

(b) 草绘孔的截面草图

图 4.8 壳特征

图 4.9 草绘孔特征

(3) 以 FRONT 基准面为草绘平面,在杯体的底部建立如图 4.9 所示的草绘孔特征。

(4) 以 FRONT 基准面为扫描轨迹草绘平面,通过扫描特征建立图 4.10 所示的杯子的把手。

40.00

36.50

(a) 把手扫描特征

(b) 扫描轨迹线

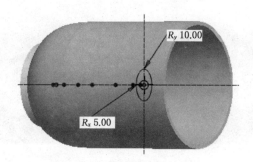

（c）扫描截面

图 4.10　把手扫描特征

（5）建立图 4.11 所示的圆角特征。

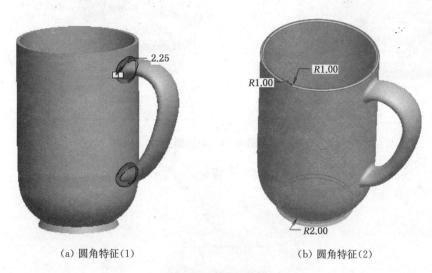

（a）圆角特征(1)　　　　　　　　　　（b）圆角特征(2)

图 4.11　圆角特征

6. 自行设计尺寸,完成图 4.12~图 4.14 模型的创建,并建立不同类型的剖截面。分别保存为 ep4-12. prt、ep4-13. prt 和 ep4-14. prt。

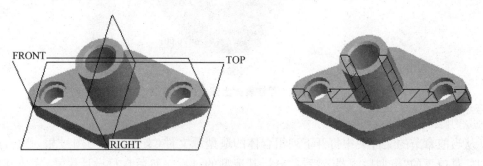

图 4.12　单一剖

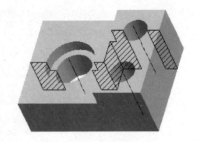

图 4.13　阶梯剖

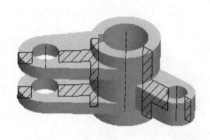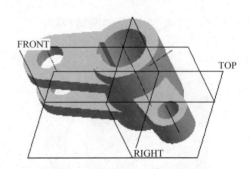

图 4.14　旋转剖

7. 自行设计尺寸,在圆柱表面上建立孔特征,如图 4.15 所示。

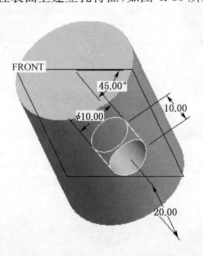

图 4.15　圆柱表面上建立的孔特征

8. 组合体造型综合练习

从当前章节的文件夹中打开下列组合体的造型源文件(文件名称与图号相一致),通过"工具"菜单下的"模型播放器"观看并分析其造型的过程。然后自行设计尺寸,完成其中的六个造型,自行命名保存。

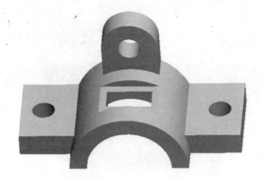

图 4.16　组合体(1)

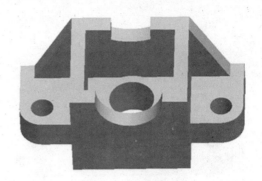

图 4.17　组合体(2)

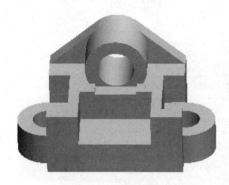

图 4.18　组合体(3)

图 4.19　组合体(4)

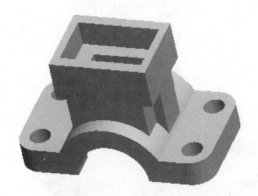

图 4.20　组合体(5)

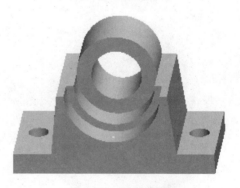

图 4.21　组合体(6)

图 4.22　组合体(7)

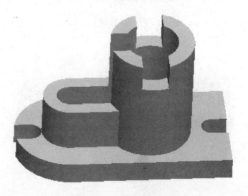

图 4.23　组合体(8)

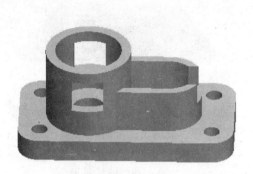

图 4.24　组合体(9)

图 4.25　组合体(10)

图 4.26 组合体(11)

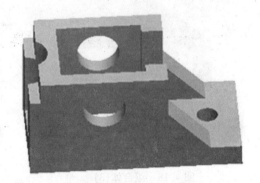

图 4.27　组合体(12)

图 4.28　组合体(13)

图 4.29　组合体(14)

图 4.30　组合体(15)

图 4.31　组合体(16)

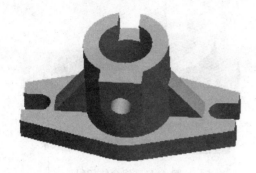

图 4.32　组合体(17)

图 4.33　组合体(18)

图 4.34　组合体(19)

图 4.35　组合体(20)

图 4.36　组合体(21)

图 4.37　组合体(22)

图 4.38　组合体(23)

图 4.39　组合体(24)

图 4.40　组合体(25)

图 4.41　组合体(26)

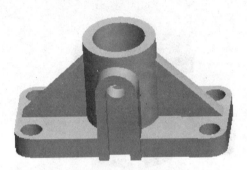

图 4.42　组合体(27)

图 4.43　组合体(28)

图 4.44　组合体(29)

图 4.45　组合体(30)

图 4.46　组合体(31)

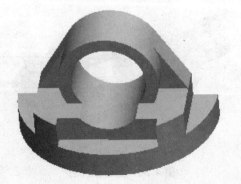

图 4.47　组合体(32)

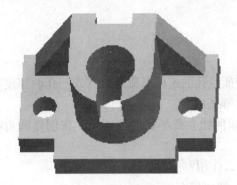

图 4.48 组合体(33)

图 4.49 组合体(34)

图 4.50 组合体(35)

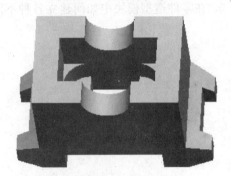

图 4.51 组合体(36)

图 4.52 组合体(37)

图 4.53 组合体(38)

图 4.54 组合体(39)

图 4.55 组合体(40)

三、实验报告作业及思考题

1. Pro/ENGINEER 提供几种不同的孔特征？孔的定位有哪几种方式？孔的深度类型有哪些？什么叫做标准孔？标准孔中可以设置哪些内容？

2. 圆角的放置参照可以有哪几种类型？如何建立变半径的倒圆角？在创建圆角特征的过程中应该注意哪些问题？

3. 拔模过程中的枢轴平面、枢轴曲线有什么作用？

4. 建立管道特征时的轨迹线有几种类型？如何建立？

5. 在零件造型模块中如何建立各种不同形式的剖截面？需要注意什么问题？

实验五 基准特征的建立

一、实验目的与要求

1. 认识并了解在 Pro/ENGINEER 中基准特征的种类及其在三维造型中的重要作用。
2. 熟练掌握在 Pro/ENGINEER 中建立各种基准特征的步骤与方法,包括
- 基准面的建立(Datum Plane)
- 基准轴的建立 (Datum Axis)
- 基准曲线的建立(Datum Curve)
- 基准点的建立(Datum Point)
- 基准坐标系的建立(Datum Coordinate System)

二、实验内容与步骤

1. 熟悉各种基准特征创建的菜单结构和子菜单,熟练掌握在 Pro/ENGINEER 中建立各种基准特征的方法。

2. 在如图 5.1 所示的模型中建立以下几个基准平面,结果如图 5.2 所示。

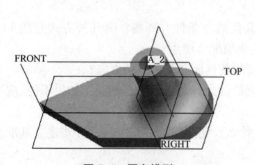

图 5.1 原有模型

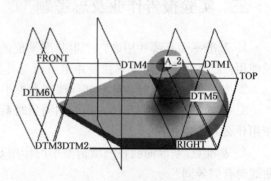

图 5.2 建立的基准平面

(1) 建立如图 5.1 所示的零件模型,尺寸参数自行确定;
(2) DTM1:过轴线 A_2,与前表面平行;
(3) DTM2:垂直于 DTM1,通过最左的棱边;
(4) DTM3:向左偏移 DTM2,距离为 6;
(5) DTM4:通过左前侧边,与左前侧面成 45°夹角;
(6) DTM5:与大圆柱面相切,并且平行于 RIGHT 面;

（7）将结果以"ep5-2. prt"存盘。

3. 在如图 5.3 所示的模型中建立以下几条基准轴线，结果如图 5.4 所示。

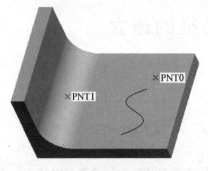

图 5.3　原有模型

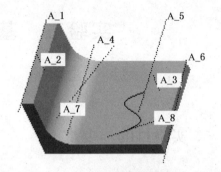

图 5.4　建立的基准轴

（1）建立如图 5.3 所示的零件模型，尺寸参数自行确定；

（2）A_1：通过零件的左上边棱线；

（3）A_2：垂直于零件的左上表面，距离零件左侧面和前表面的距离分别为 0.5 和 4；

（4）A_3：过零件上表面上一基准点 PNT0，且垂直于该表面；

（5）A_4：通过圆柱面的中心线；

（6）A_5：左上表面和右侧面的交线；

（7）A_6：零件右侧面两个顶点的连线；

（8）A_7：过圆柱面上一基准点 PNT1；

（9）A_8：与指定的曲线在端点处相切；

（10）将模型以"ep5-4. prt"存盘。

三、实验报告作业及思考题

1. 基准平面有哪些用途？产生基准平面的几何约束条件有哪些？哪几种方式只能单独使用？哪几种方式可以单独使用也可以与其他选项配合使用？

2. 如何修改基准的名称？如何改变基准平面的黄色面和黑色面的方向？

3. 建立基准轴有哪几种方式？倒圆角时系统是否会自动产生中心轴线？如果不能，应使用什么方式建立？

4. 基准点、基准曲线在三维造型中的作用是什么？使用"投影"和"包络"方式建立基准曲线时有何异同？

5. 列举建立基准坐标系的几种方式。

实验六　曲面特征的建立与应用

一、实验目的与要求

1. 了解有关曲面创建的基本理论以及曲面在复杂实体造型中的作用。
2. 掌握在 Pro/ENGINEER 中建立基本曲面特征的步骤和方法。包括

- 拉伸曲面
- 混合曲面
- 旋转曲面
- 填充曲面
- 扫描曲面
- 边界混合曲面

3. 掌握对曲面进行编辑的步骤与方法，包括：

- 曲面的复制（Copy）
- 曲面的延伸（Extend）
- 曲面偏移操作（Offset）
- 曲面的转换（Transform）
- 曲面的合并（Merge）
- 曲面的拔模（Draft）
- 曲面的裁减（Trim）
- 曲面的镜像（Mirror）

4. 掌握在 Pro/ENGINEER 中通过曲面建立三维复杂实体模型的方法。

二、实验内容与步骤

1. 熟悉基本曲面特征创建的菜单结构和子菜单，熟练掌握在 Pro/ENGINEER 中建立基本曲面特征的方法。

2. 掌握对曲面进行编辑和应用曲面建立三维复杂模型的方法的步骤。

3. 利用拉伸曲面和曲面的合并操作，创建的拉伸曲面的截面如图 6.1(a)所示，建立如图 6.1(b)所示的曲面(曲面对称生长，深度为 70)，将其转换为实体模型，以"ep6-1.prt"的名称存盘。

4. 利用拉伸曲面和曲面的合并操作，建立如图 6.2 所示的曲面，并将之转换为实体模型，正方体的棱长为 100，大三角形平面与正方体表面的夹角为 60°。将模型以"ep6-2.prt"的名称存盘(提示：大三角形平面和小三角形平面以及中间部分的小正方形平面都是平面式曲面)。

5. 建立如图 6.3 所示的曲面，并将之转化为厚度为 0.2 的薄板，然后将模型以"ep6-3.prt"的名称存盘。

6. 自行定义各个尺寸值，通过曲面模型完成图 6.4～图 6.8 所示的各实体模型的建立，以"ep6-4.prt"～"ep6-8.prt"的名称存盘。读者也可以先行打开光盘上的文件，自行观看并分析其造型过程。

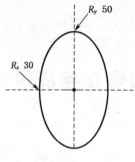

(a) 截面　　　　　　　　　　　　　　　　(b) 拉伸曲面合并后的模型

图 6.1　拉伸曲面和曲面的合并

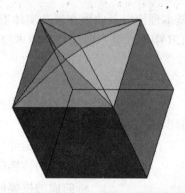

图 6.2　利用曲面建立的复杂实体模型(1)

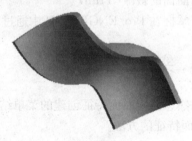

(a) 曲面模型　　　　　　　　　　　　　　(b) 实体模型

图 6.3　利用曲面建立的复杂实体模型(2)

图 6.4　利用曲面建立的复杂实体模型(3)

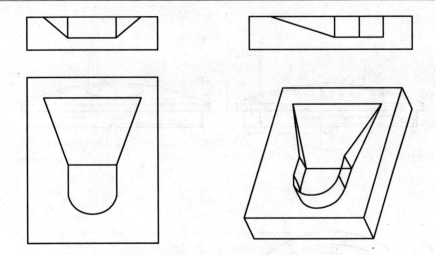

图 6.5 利用曲面建立的复杂实体模型(4)

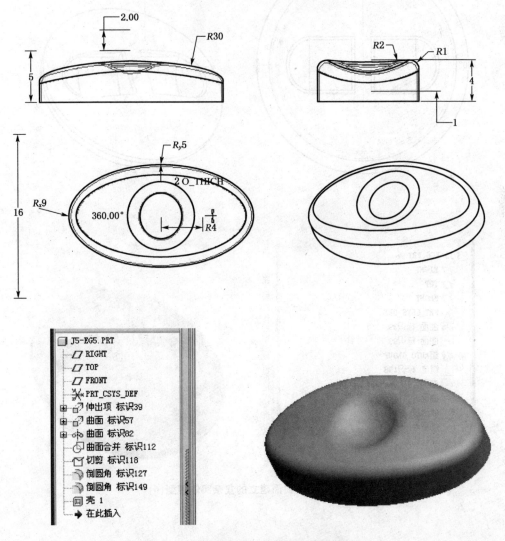

图 6.6 利用曲面建立的复杂实体模型(5)

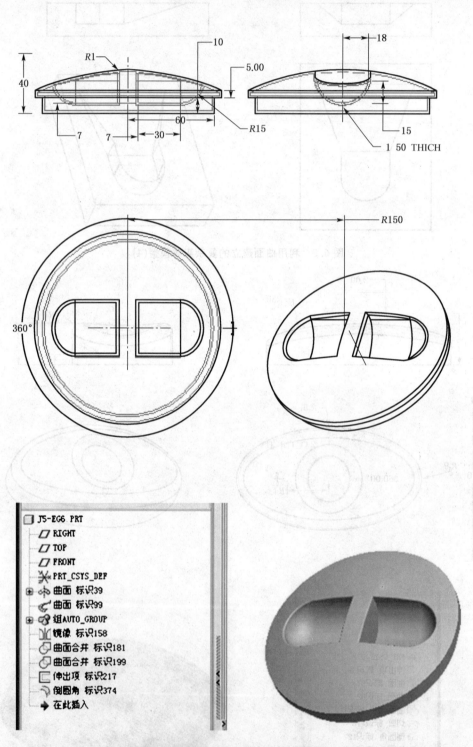

图 6.7   利用曲面建立的复杂实体模型(6)

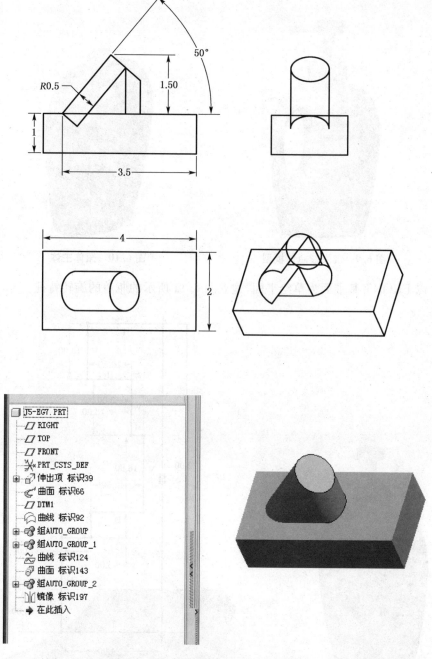

图 6.8 利用曲面建立的复杂实体模型(7)

7. 建立图 6.9 所示的洗发液瓶体的实体模型,以"ep6-9. prt"为名称保存。

主要步骤如下:

(1) 利用"光滑的"平行混合特征,以 TOP 基准面为草绘平面,建立瓶体的主体,如图 6.10 所示。该特征共有六个截面,分别为:椭圆($R_y = 30$, $R_x = 50$)、椭圆($R_y = 33$, $R_x =$

60)、椭圆($R_y = 35$，$R_x = 65$)、椭圆($R_y = 25$，$R_x = 45$)、椭圆($R_y = 15$，$R_x = 25$)、圆($R = 15$)，各截面的深度分别为：40、30、110、10、10。

图 6.9 洗发液瓶体模型

图 6.10 瓶体主体

(2) 以 FRONT 基准面为草绘平面，建立图 6.11 所示的瓶盖的旋转特征。

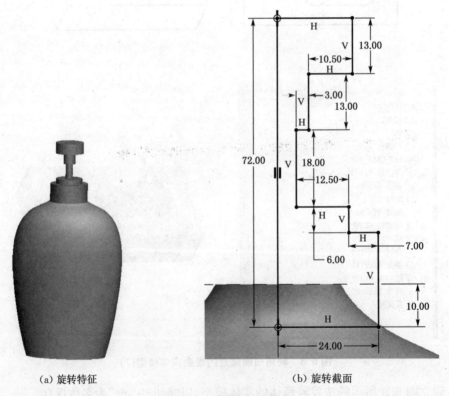

(a) 旋转特征   (b) 旋转截面

图 6.11 旋转特征及截面

(3) 以 FRONT 基准面为扫描轨迹的草绘平面，利用扫描特征建立图 6.12 所示的喷嘴，扫描截面为直径为 8 的圆。

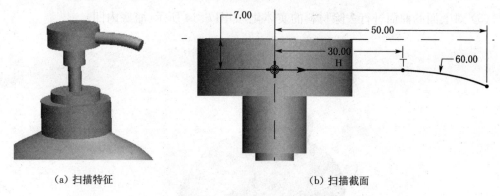

（a）扫描特征　　　　　　　　　　　　　　（b）扫描截面

图 6.12　扫描特征及扫描截面

（4）利用扫描特征，在瓶的底部建立如图 6.13 所示的扫描曲面。

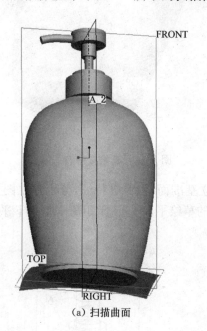

（a）扫描曲面

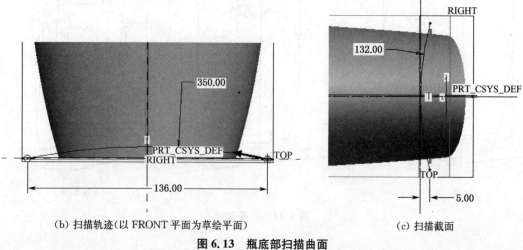

（b）扫描轨迹（以 FRONT 平面为草绘平面）　　　　（c）扫描截面

图 6.13　瓶底部扫描曲面

（5）对上面的曲面进行去除材料的实体化，如图 6.14 所示（瓶底内凹）。

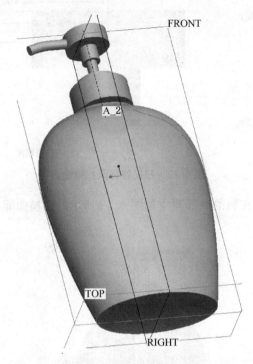

图 6.14　去除材料的实体化

（6）利用草绘曲线、建立基准面、镜像等特征，分别建立图 6.15 所示的三条曲线，这三条曲线为三个椭圆，曲线 2 的草绘平面 DTM1 距离 FRONT 平面的距离为 40，曲线 3 由曲线 2 镜像复制而得。

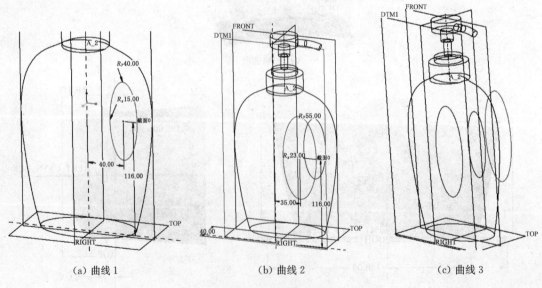

(a) 曲线 1　　　　　(b) 曲线 2　　　　　(c) 曲线 3

图 6.15　三条曲线

（7）利用边界混合特征建立图 6.16 所示的曲面特征,并利用该曲面实现对瓶体的剪切。

（8）建立图 6.17 所示的倒角特征,倒角尺寸为 1。

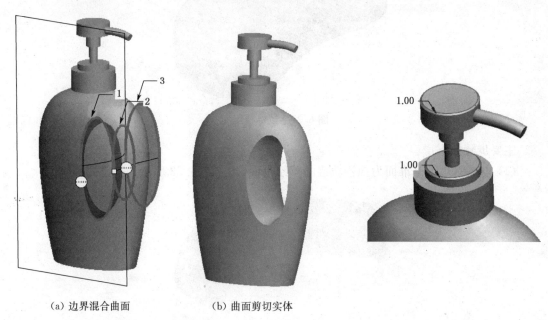

（a）边界混合曲面　　　（b）曲面剪切实体

图 6.16　曲面特征　　　　　　　　　　　　　**图 6.17　倒角特征**

（9）建立图 6.18 所示的圆角特征,圆角半径为 1。

（10）建立图 6.19 所示的圆角特征,圆角半径为 5。

（11）建立图 6.20 所示的抽壳特征,壳的厚度为 1,喷嘴端面为要去除的曲面。

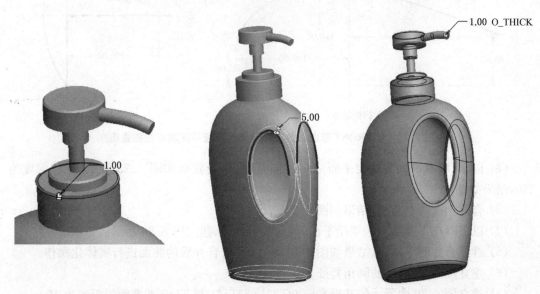

图 6.18　半径为 1 的圆角特征　　　**图 6.19　半径为 5 的圆角特征**　　　**图 6.20　抽壳特征**

8. 建立下列图 6.21 所示的鼠标模型,以"ep6-10.prt"为名称保存。

图 6.21　鼠标模型

主要步骤如下：

（1）以 FRONT 基准面为扫描轨迹的草绘平面，建立图 6.22 所示的扫描曲面。

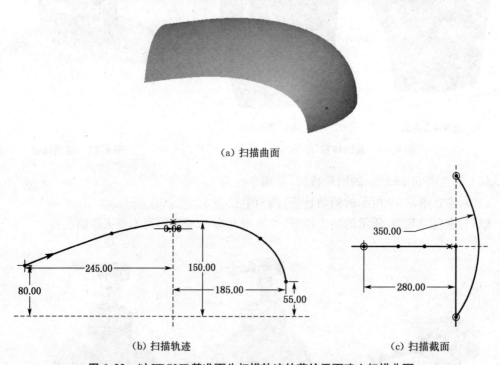

（a）扫描曲面

（b）扫描轨迹　　　　　　　　　　　　　　　　　（c）扫描截面

图 6.22　以 FRONT 基准面为扫描轨迹的草绘平面建立扫描曲面

（2）以 TOP 基准面为草绘平面建立拉伸曲面，草绘截面如图 6.23 所示，拉伸深度为 260，结果如图 6.24 所示。

（3）合并上面两个曲面，结果如图 6.25 所示。

（4）以 FRONT 基准面为草绘平面，通过拉伸特征，建立图 6.26 所示的平面。

（5）继续合并两个曲面，结果如图 6.27 所示，并对合并后的曲面进行实体化操作。

（6）建立图 6.28 所示的圆角特征。

（7）建立图 6.29 中所示的基准平面 DTM1，DTM1 与 TOP 基准面的距离为 130。

（8）以基准平面 DTM1 为草绘平面，建立如图 6.30 所示的拉伸曲面，曲面的深度为 150。

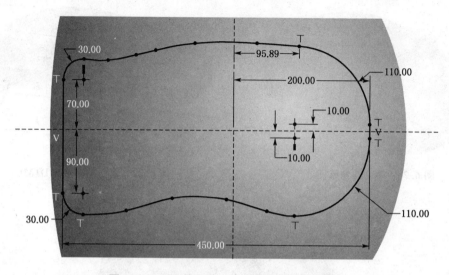

图 6.23　TOP 基准面为草绘平面建立草绘截面

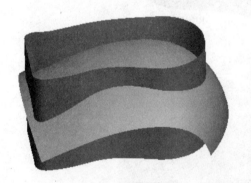

图 6.24　拉伸曲面

图 6.25　曲面合并结果

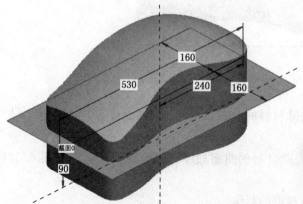

图 6.26　以 FRONT 基准面为草绘平面建立拉伸平面

图 6.27　曲面继续合并后的结果

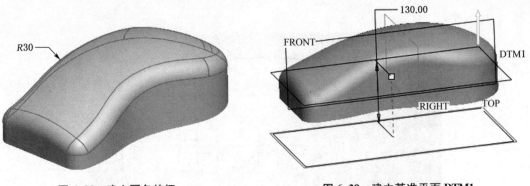

图 6.28　建立圆角特征　　　　　　　　　图 6.29　建立基准平面 DTM1

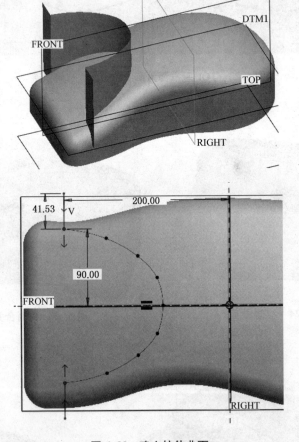

图 6.30　建立拉伸曲面

（9）对第（8）步中构建的曲面进行去除材料的曲面加厚，即"薄曲面修剪"，厚度为 3，结果如图 6.31 所示。

（10）利用同样的方法进一步建立去除材料的曲面加厚，即"薄曲面修剪"，如图 6.32 所示。

（11）建立图 6.33 所示的圆角，完成模型的制作。

9. 建立图 6.34 所示的油桶的实体模型，以"ep6-11. prt"为名称保存。

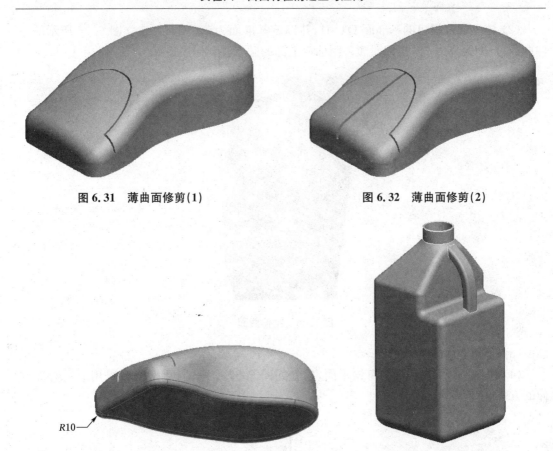

图 6.31　薄曲面修剪(1)　　　　　　　图 6.32　薄曲面修剪(2)

图 6.33　建立圆角　　　　　　　　　图 6.34　油桶实体模型

主要步骤如下：

（1）以 TOP 基准面为草绘平面，利用"竖直的"平行混合特征建立图 6.35 所示的曲面，第 1、2 个截面为边长为 130 的正方形，截面 3 为直径为 40 的圆，各个截面的距离为 220、60。

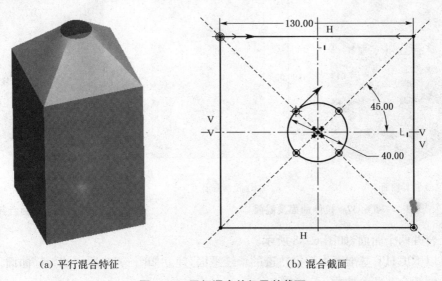

（a）平行混合特征　　　　　　　（b）混合截面

图 6.35　平行混合特征及其截面

(2) 建立通过桶口的基准面 DTM1,并以该基准面为草绘平面,建立图 6.36 所示的拉伸曲面,拉伸距离为 20,拉伸截面采用桶口上部的圆(运用"使用边"的方法)。

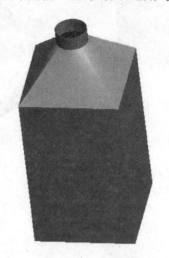

图 6.36 拉伸曲面

(3) 合并上述两个曲面。

(4) 以 RIGHT 基准面为草绘平面,建立如图 6.37 所示的拉伸曲面,采用前后对称拉伸的方式,拉伸距离为 180。

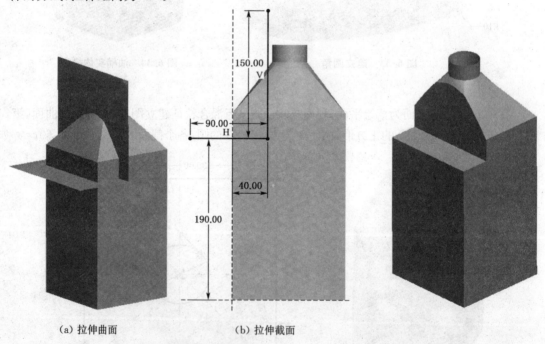

(a) 拉伸曲面　　　　　(b) 拉伸截面

图 6.37 拉伸曲面及截面　　　　图 6.38 曲面合并结果

(5) 合并两个曲面,如图 6.38 所示。

(6) 以 RIGHT 基准面为扫描轨迹的草绘平面,建立如图 6.39 所示的扫描曲面。

(7) 继续合并两个曲面。

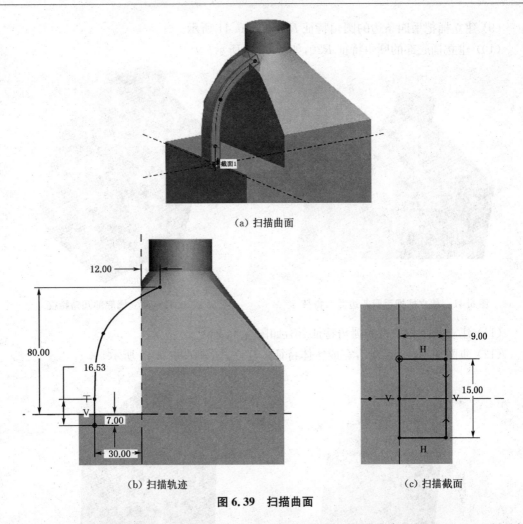

（a）扫描曲面

（b）扫描轨迹　　　　　（c）扫描截面

图 6.39　扫描曲面

（8）以 FRONT 基准面为草绘平面，在桶的底部利用拉伸特征建立如图 6.40(a)所示的平面（只要平面足够大，完全封闭桶底面即可），并合并平面和桶体曲面，如图 6.40(b)所示。

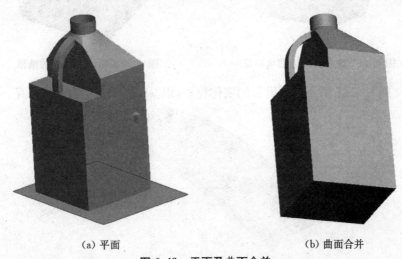

（a）平面　　　　　　　　　（b）曲面合并

图 6.40　平面及曲面合并

（9）建立桶把手四条边的圆角特征 *R*2，如图 6.41 所示。

（10）建立桶底部的圆角特征 *R*20，如图 6.42 所示。

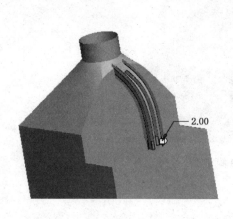

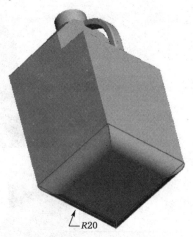

图 6.41　建立桶把手四条边圆角特征　　图 6.42　建立桶底部圆角特征

（11）建立其余相关边的圆角特征 *R*8，如图 6.43 所示。

（12）曲面加厚，厚度为 2，完成实体特征的建立，结果如图 6.44 所示。

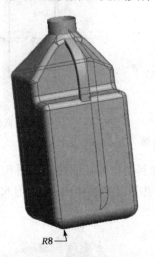

图 6.43　建立其余边圆角特征　　图 6.44　曲面实体化的结果

10. 建立如图 6.45 所示的千叶板的实体模型，以"ep6-12. prt"为名称保存。

图 6.45　千叶板实体模型

主要步骤如下：

（1）建立如图 6.46 所示的基准平面 DTM1，DTM1 距 FRONT 基准面的距离为 100。

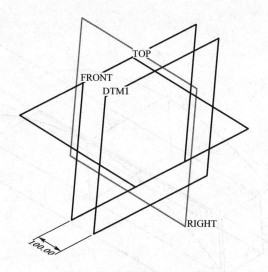

图 6.46　建基准平面 DTM1

（2）以基准平面 DTM1 为草绘平面，草绘曲线 1，并以 FRONT 基准面为镜像平面，镜像该曲线得到曲线 2，如图 6.47 所示。

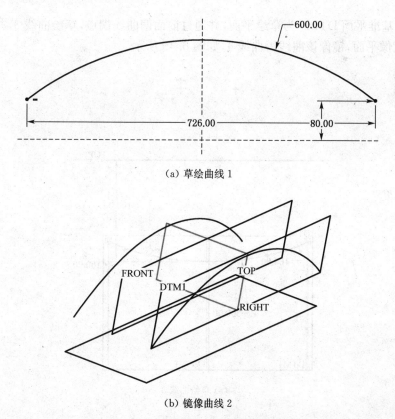

（a）草绘曲线 1

（b）镜像曲线 2

图 6.47　草绘曲线 1 及镜像曲线 2

（3）通过曲线 1 的端点，并与 RIGHT 基准面平行，建立基准平面 DTM2，如图 6.48 所示。

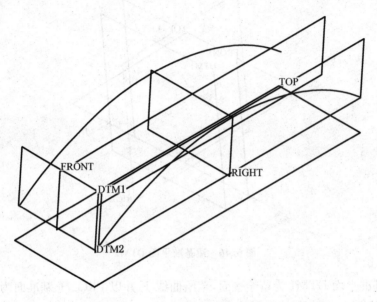

图 6.48　建立基准平面 DTM2

（4）以基准平面 DTM2 为草绘平面，并通过前面两曲线端点，草绘曲线 3，并以 RIGHT 基准面为镜像平面，镜像该曲线得曲线 4，如图 6.49 所示。

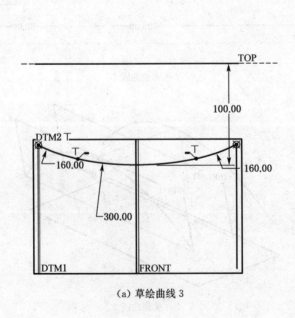

（a）草绘曲线 3

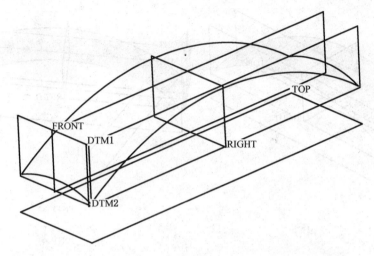

（b）镜像曲线 4

图 6.49　草绘曲线 3 及镜像曲线 4

（5）用上面 4 条曲线建立如图 6.50 所示边界混合曲面。

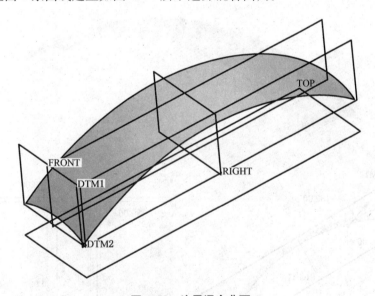

图 6.50　边界混合曲面

（6）以曲线 1、曲线 2 的中心为参照，建立基准点 PNT0、PNT1，并以这两点为参照，建立基准轴线 A_1，如图 6.51 所示。

（7）通过基准轴线 A_1，并与 RIGHT 基准面成 30°角建立基准面 DTM3，如图 6.52 所示。

（8）以 FRONT 基准面为扫描轨迹的草绘平面，基准面 DTM3 为草绘的右定向平面，建立如图 6.53（a）扫描曲面特征，扫描轨迹如图 6.53（b）所示（注意调整起始点），定义属性为"封闭端"，并草绘如图 6.53（c）所示的截面。

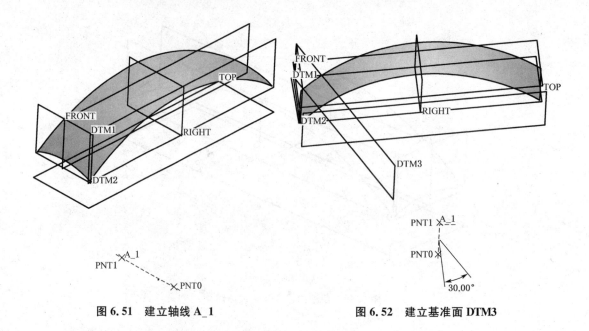

图 6.51 建立轴线 A_1　　　　　　图 6.52　建立基准面 DTM3

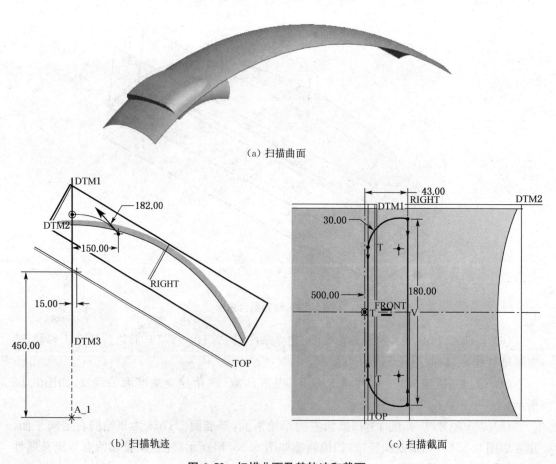

（a）扫描曲面

（b）扫描轨迹　　　　　　　　　　（c）扫描截面

图 6.53　扫描曲面及其轨迹和截面

（9）成组基准面 DTM3 和第（8）步中建立的扫描曲面，并对成组对象进行阵列，阵列驱动尺寸为第（7）步中的基准面定位角度 30°，尺寸增量为 8，阵列数量为 8 个，如图 6.54 所示。

图 6.54　对成组对象进行阵列

（10）分别合并主体曲面和各个扫描曲面，结果如图 6.55 所示。

图 6.55　合并主体曲面和各个扫描曲面

（11）对曲面进行加厚，厚度为 3，并排除 8 个小曲面，可得最终的千叶板实体模型，结果如图 6.56 所示。为了隐藏加厚特征的原始曲面，必要时需隐藏加厚特征。

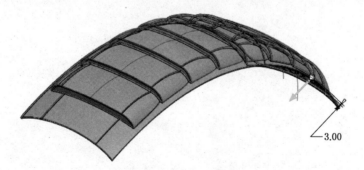

3.00

图 6.56　曲面加厚特征

三、实验报告作业及思考题

1. 如何判别曲面的边界线和棱线？这对于复杂的实体造型有何意义？

2. 有哪几种方法可以区分当前的模型是曲面模型还是实体模型？

3. 选择曲面的方法有哪些？

4. 曲面的复制操作是如何进行的？曲面的复制方式有哪几种？

5. 曲面的偏移操作分为几类？简述"具有拔模斜度"的偏移和"展开"的偏移有什么区别？

6. 在曲面的合并命令 Merge 中，Join 和 Intersect 选项有什么不同？如何在屏幕上判断两个相邻的曲面已经连接为一体？

7. 曲面的延伸操作有几种不同的方式？

8. 曲面实体化的方法有哪些？这些操作对曲面分别有什么样的要求？

9. 边界混合特征中的约束类型有哪些？分别应用于什么场合？

10. 边界混合特征中的控制点选项起什么作用？

11. 做双方向边界混合曲面时，绘制第二方向的控制曲线应注意哪些问题？

实验七　特征的复制与操作

一、实验目的与要求

1. 掌握对特征进行阵列操作的步骤与方法。
2. 掌握对特征进行复制、镜像操作的步骤与方法。
3. 熟悉创建用户自定义特征(UDF)的过程及步骤。
4. 了解改变特征的父子关系、插入特征、特征排序等有关特征操作的内容并掌握相应的操作步骤。

二、实验内容与步骤

1. 熟悉建立特征阵列的菜单结构和操控面板,掌握在 Pro/ENGINEER 中建立各种特征阵列的方法。
2. 熟悉进行特征复制操作的菜单结构和子菜单,熟练掌握在 Pro/ENGINEER 中复制各种特征的方法。
3. 自己设计特征造型实例,练习删除特征、改变特征的父子关系、插入特征、对特征进行重新排序等操作,并熟悉其菜单结构和操控面板。
4. 建立图 7.1 所示的零件造型,以"ep7-1.prt"的名称存盘。

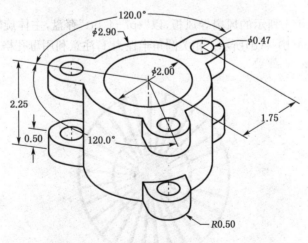

图 7.1　零件造型(1)

5. 建立图 7.2 所示的零件造型,以"ep7-2.prt"的名称存盘。

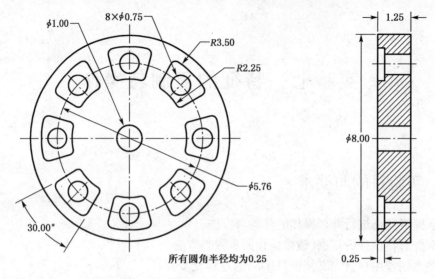

图 7.2　零件造型(2)

6. 建立如图 7.3 所示的零件造型,其外形尺寸为 $250 \times 300 \times 30$,以"ep7-3. prt"的名称存盘。

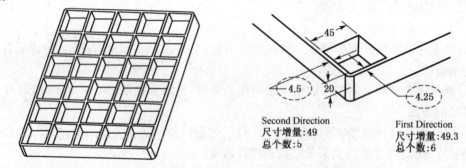

图 7.3　零件造型(3)

7. 造型如图 7.4(a)所示的风扇导风板,以"ep7-4. prt"存盘,主体旋转特征草图、孔格草图、阵列参数如图 7.4(b)~(d)所示。相关圆角半径为 1,注意利用母孔格倒圆角,然后将圆角直接阵列至其他孔格。

(a) 三维模型

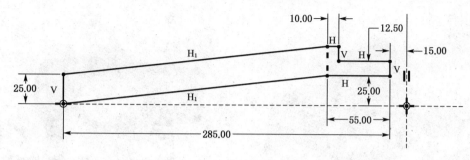

（b）旋转草图

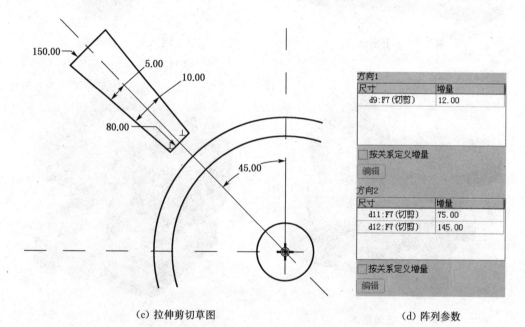

（c）拉伸剪切草图　　　　　　　　　　　　（d）阵列参数

注：图中尺寸 45.00 为 d9，尺寸 80.00 为 d11，150.00 为 d12。

图 7.4　风扇导风板模型、草图及阵列参数

8. 零件造型综合练习

　　从当前章节的文件夹中打开图 7.5～图 7.17 所示零件的造型源文件，通过"工具"菜单下的"模型播放器"观看其造型的过程。然后自行设计尺寸，完成其中的六个造型，并自行命名保存。

图 7.5　叉架

图 7.6　斜面阀体

图 7.7　三通阀体

图 7.8　流通泵体

图 7.9　泵体(1)

图 7.10　泵体(2)

图 7.11　箱体(1)

图 7.12　箱体(2)

图 7.13　机座

图 7.14　支架

图 7.15　架体

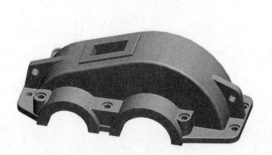

图 7.16　减速器上箱体

图 7.17　减速器下箱体

三、实验报告作业及思考题

1. 特征的阵列和复制操作有何区别?

2. 特征的阵列类型可以分为哪几类?请说明特征的阵列操作中阵列的再生类型"相同"、"可变"和"一般"三种方式各有什么特点?

3. 在阵列的引导尺寸中定位尺寸和定形尺寸对于阵列的结果影响有何不同?有哪几种建立尺寸增量关系的方式,请说明之。

4. 什么叫做参照阵列?参照阵列有何用途?

5. 在建立旋转阵列的父特征时,应考虑到什么问题?

6. 如何建立特征的镜像和整个模型的镜像?

7. 简要说明创建用户自定义特征(UDF)和将特征成组的操作步骤。

8. 有什么方法可以改变特征之间的父子关系?

9. 如何修改特征的尺寸数值?如何编辑修改特征的截面形状、尺寸标注方式、生长属性和方向?

10. 怎样插入特征?如何改变特征建立的顺序?在改变特征的建立顺序时对于有父子关系的特征的操作是否可以进行?

11. 特征的删除(Delete)、隐含(Suppress)和隐藏(Hide)操作有什么不同?各适用于什么样的情况?

实验八　各种高级特征及应用

一、实验目的与要求

1. 综合应用本课程所学的各种高级特征,完成常用产品的造型。包括

- 填充阵列
- 旋转混合
- 一般混合
- 环形折弯
- 骨架折弯
- 变截面扫描
- 扫描混合
- 螺旋扫描

2. 掌握常用产品的造型的方法和技巧,解决工程中的一些具体问题。

3. 了解参数、关系在建模中的应用。

二、实验内容与步骤

1. 完成图 8.1 所示的六脚头螺栓的绘制,包括:六脚头、螺杆、螺栓头倒角、螺纹等特征,以"ep8-1.prt"保存。

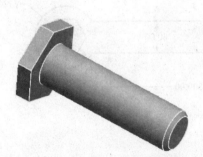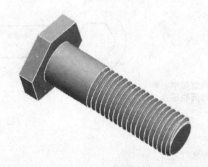

（a）未添加螺纹特征时的效果　　　　（b）添加螺纹特征后的效果

图 8.1　六脚头螺栓

其中:

(1) 六脚头:截面正六边形的边长 20,厚度 7.5。

(2) 螺杆:直径 20,长度:70。

(3) 螺栓头倒角:2×45°。

(4) 螺纹(螺旋扫描特征):螺距 2.5,如图 8.2 所示。

2. 按图 8.3 所给的尺寸,利用拉伸特征和骨架折弯等特征,完成扳手模型的制作,以"ep8-2.prt"保存。

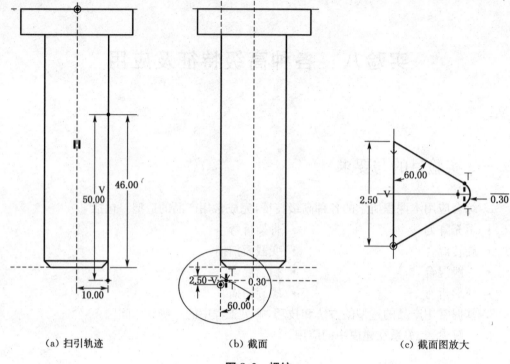

（a）扫引轨迹　　　　　　（b）截面　　　　　　（c）截面图放大

图 8.2　螺纹

（a）拉伸特征

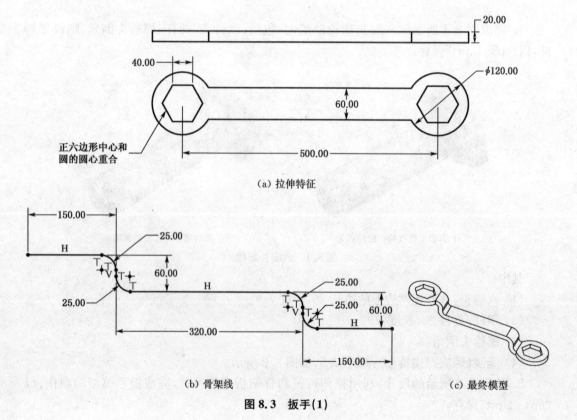

（b）骨架线　　　　　　　　　　　　　（c）最终模型

图 8.3　扳手(1)

3. 利用旋转特征、旋转混合特征、圆角特征等，完成图 8.4 所示的风扇叶片模型的制作，以"ep8-3. prt"保存。（尺寸自拟）

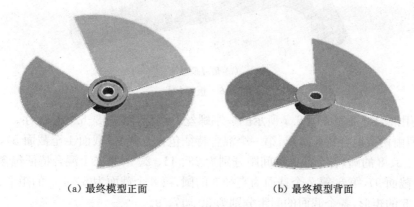

（a）最终模型正面　　　　　　（b）最终模型背面

图 8.4　风扇叶片

4. 按图 8.5 所给的尺寸，利用平行混合特征，完成五角星模型的制作，其中五角星的外接圆直径为 200，厚度为 30，以"ep8-4. prt"保存。

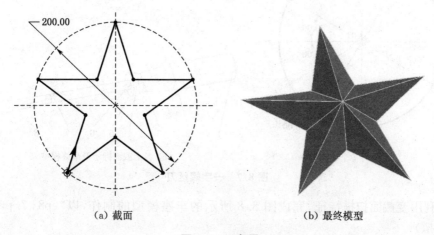

（a）截面　　　　　　　　　　　　（b）最终模型

图 8.5　五角星

5. 按图 8.6 所给的尺寸，利用扫描特征，完成扳手模型的制作，以"ep8-5. prt"保存。

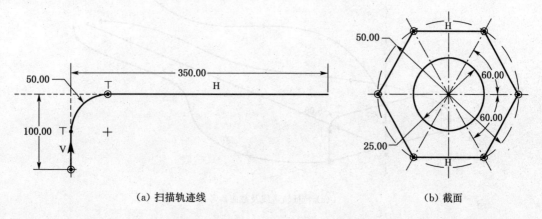

（a）扫描轨迹线　　　　　　　　　（b）截面

(c) 最终模型

图 8.6 扳手(2)

6. 利用混合特征完成图 8.7 所示的一字螺丝刀模型,以"ep8-6. prt"保存。

该模型由两个混合特征组成:第一个混合特征包含五截面(截面 1 至截面 5),分别为直径 9、9、6、8、8 的圆,各个截面的间距分别为 23、11、2、2;第二个混合特征包含四个截面(截面 6 至截面 9),第 6、第 7 个截面为直径 3 的圆,第 8 个截面为 5×1.5 的矩形、第 9 个截面为 3×1.5 的矩形,各个截面的间距分别为 30、17、9。

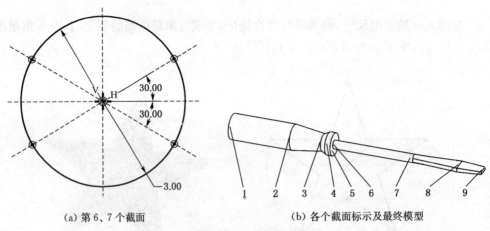

(a) 第 6、7 个截面　　　　　　　　　(b) 各个截面标示及最终模型

图 8.7 一字螺丝刀

7. 利用变截面扫描特征,完成图 8.8 所示的车座模型的制作,以"ep8-7. prt"保存。(尺寸自拟)

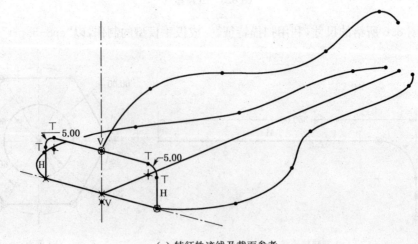

(a) 特征轨迹线及截面参考

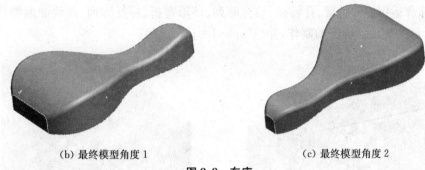

　　(b) 最终模型角度1　　　　　　　　(c) 最终模型角度2

图8.8　车座

8. 按图8.9(a)所给的尺寸,利用扫描混合,完成下列拉手模型的制作,以"ep8-8.prt"保存。

扫描混合特征的扫描轮廓线如图8.9所示,混合截面1、4均为长短轴为20、10的椭圆;混合截面2、3均为长短轴为10、5的椭圆。

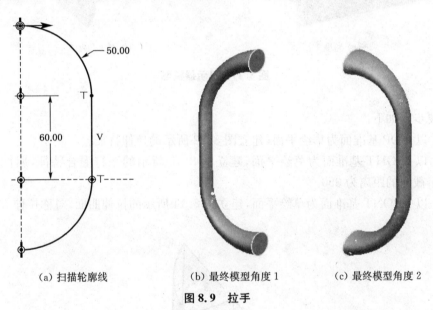

　　(a) 扫描轮廓线　　　　　　(b) 最终模型角度1　　　　　(c) 最终模型角度2

图8.9　拉手

　　9. 利用拉伸特征、孔特征、填充阵列、环形弯折等,完成图8.10所示的模型的制作,以"ep8-9.prt"保存。(尺寸自拟)

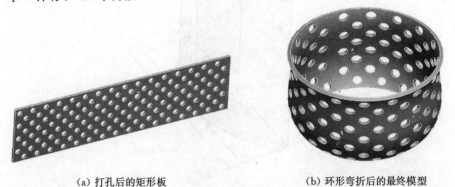

　　(a) 打孔后的矩形板　　　　　　　(b) 环形弯折后的最终模型

图8.10　矩形板及环形弯折后的模型

10. 综合运用拉伸特征、孔特征、填充阵列、环形弯折、特征阵列、曲线曲面特征等完成图 8.11 所示的显示器模型的制作,并以"ep8-10.prt"保存。

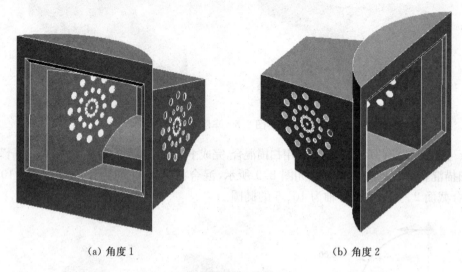

(a) 角度1　　　　　　　　　　　(b) 角度2

图 8.11　显示器模型

主要步骤如下:

(1) 以 TOP 基准面为草绘平面,建立图 8.12 所示的拉伸特征。

(2) 以 RIGHT 基准面为草绘平面,建立图 8.13 所示的平行混合特征,属性为"竖直的",两个截面的距离为 350。

(3) 以 FRONT 基准面为草绘平面,建立图 8.14 所示的拉伸曲面,对称拉伸方式,深度为 320。

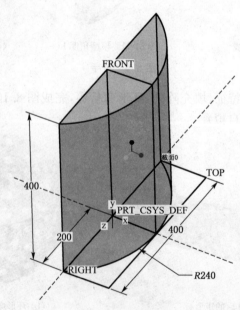

图 8.12　以 TOP 基准面为草绘平面的拉伸特征

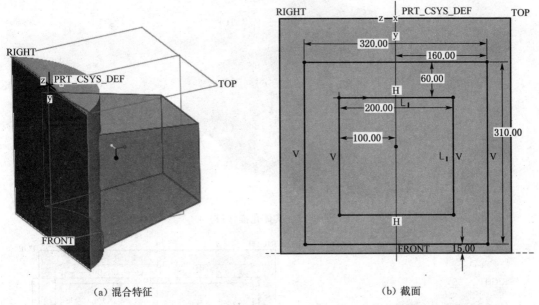

（a）混合特征 （b）截面

图 8.13 以 RIGHT 基准面为草绘平面建立平行混合特征

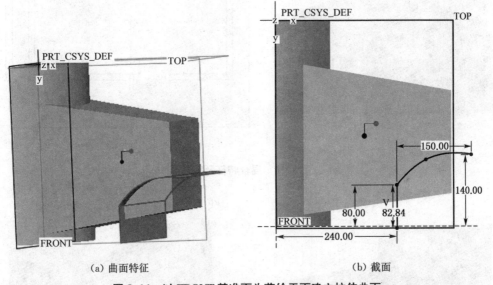

（a）曲面特征 （b）截面

图 8.14 以 FRONT 基准面为草绘平面建立拉伸曲面

（4）利用第（3）步中的曲面进行剪切的实体化操作，结果如图 8.15 所示。

（5）以 RIGHT 基准面为草绘平面，建立平行混合曲面，属性为"光滑"、"封闭端"，两个截面的距离为 5，如图 8.16 所示。

（6）利用上一步中的曲面进行剪切的实体化操作，结果如图 8.17 所示。

（7）建立抽壳特征，壳的厚度为 2，显示器前面的面为开口面，结果如图 8.18 所示。

（8）以 FRONT 基准面为草绘平面，利用去除材料的方式建立拉伸特征（两侧深度均为"穿透"），打出显示器上的散热孔，截面为 4 个圆，如图 8.19 所示。

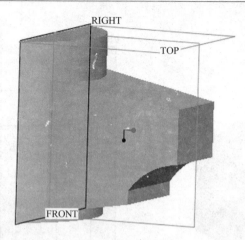

图 8.15　实体化操作(1)

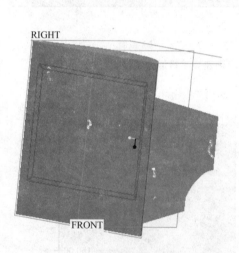

(a) 混合特征

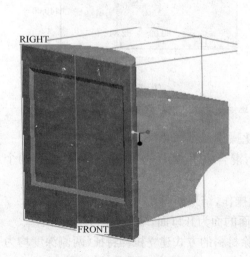

图 8.17　实体化操作(2)

图 8.16　混合特征及截面

(b) 截面

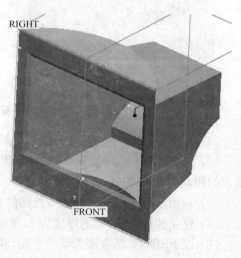

图 8.18　建立抽壳特征

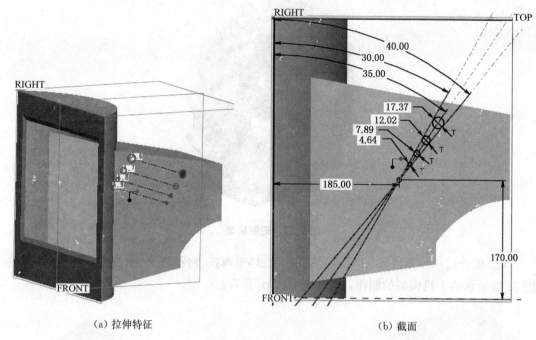

（a）拉伸特征　　　　　　　　　　　　　　（b）截面

图 8.19　拉伸特征及截面

（9）使用移动复制的方式,将上一步中作出的孔绕最小孔的直径旋转 30°复制一组,如图 8.20 所示。

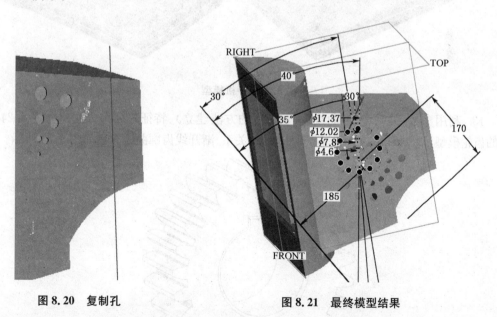

图 8.20　复制孔　　　　　　　　　**图 8.21　最终模型结果**

（10）对复制出的孔进行尺寸驱动方式的阵列操作,驱动尺寸为上一步中的 30°,尺寸增量为 30,阵列个数为 11,便可完成最终模型的制作,如图 8.21 所示。

11. 综合运用拉伸特征、孔特征、填充阵列、环形弯折、特征阵列、曲线曲面特征等,完成图 8.22 所示的轮胎模型的制作,以"ep8-11.prt"保存。

图 8.22　轮胎模型

12. 综合运用拉伸特征、孔特征、填充阵列、环形弯折、特征阵列、曲线曲面特征等，完成图 8.23 所示的手机模型的制作，以"ep8-12. prt"保存。

图 8.23　手机模型

13. 利用参数、关系、基准曲线（参数方程的方法建立）、特征阵列等方法建立图 8.24 所示的齿轮模型，以"ep8-13. prt"保存，其中参数、关系、渐开线齿廓曲线方程如图 8.25 所示。

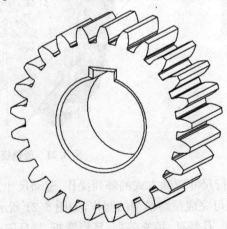

图 8.24　齿轮模型

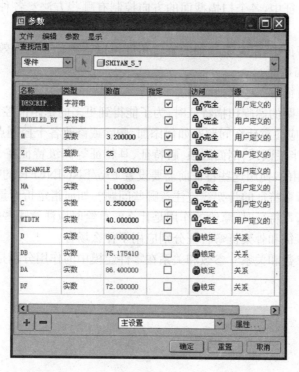

（a）参数

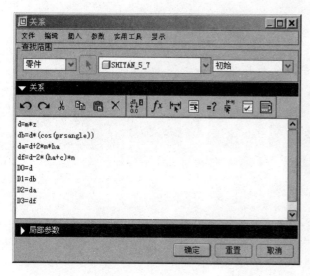

（b）关系

（c）渐开线齿廓曲线方程

图 8.25 参数、关系及渐开线齿廓曲线方程

三、实验报告作业及思考题

1. 建立变截面扫描特征时，为了能使截面在扫描的过程中受各条控制线的控制，草绘截面时需要注意哪些问题？

2. 扫描混合特征中,各个扫描截面的方向控制有哪些方法? 各种方向控制分别应用于什么情况?

3. 扫描混合特征中,定义绕 z 轴的旋转角度可以达到什么造型效果? 如何在扫描轨迹上增加或删除扫描截面?

4. 螺旋扫描特征有哪些典型应用?

5. 建立可变螺距的螺旋扫描特征时,为了能得到更多的螺距值控制点,在绘制螺旋扫描特征的轮廓线时,应注意什么问题? 如何添加、删除或修改各个控制点的螺距值?

6. 局部推拉、半径圆顶、剖面圆顶、唇特征、耳特征等高级特征在 Pro/ENGINEER 的默认设置中是不可用的,使用这些特征前需要设置 Pro/ENGINEER 的哪一个选项?

7. 绘制骨架折弯特征的骨架线应注意哪些问题? 如何指定折弯量的平面?

8. 建立环形折弯特征时,草绘的作用是什么? 草绘时应注意哪些问题?

9. 环形折弯特征和骨架折弯特征分别应用于什么场合?

10. 如何建立参数和关系? 参数和关系在零件建模中的作用分别是什么?

实验九　零部件的装配

一、实验目的与要求

1. 熟悉 Pro/ENGINEER 零件装配模块的界面,了解进行零部件装配的步骤。
2. 了解并掌握零部件装配的约束关系的定义方法。
3. 掌握对装配进行修改的步骤和方法,包括:
- 修改装配件(Modify)
- 更改装配体的结构(Restructure)
- 重新调整零件的排序与操作,以更改设计意图
4. 进一步加强对 Pro/ENGINEER 软件参数化设计的认识。

二、实验内容与步骤

1. 熟悉 Pro/ENGINEER 装配模块的界面。
2. 定义零件的装配约束关系,进行零件的装配,建立起装配图和爆炸视图。
3. 学习如何修改零件的装配约束关系。
4. 对装配体中的零件尺寸进行修改,检查相应的零件模型和工程图纸是否自动地加以更新。
5. 根据所给的零件,建立图 9.1～图 9.5 所示的装配件,零件模型请从光盘中相应目录中拷贝,分别以"ep9-1. asm"～"ep9-5. asm"的名称保存,注意装配过程中组件的建立和使用。

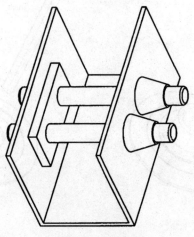

图 9.1　装配件(1)

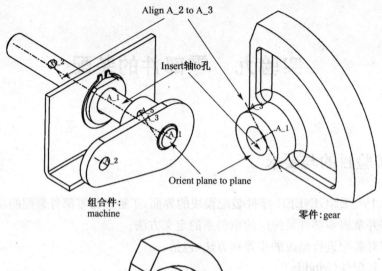

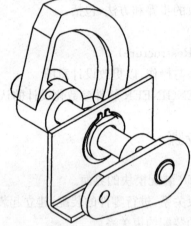

图 9.2 装配件(2)

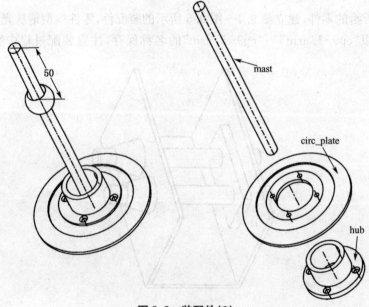

图 9.3 装配件(3)

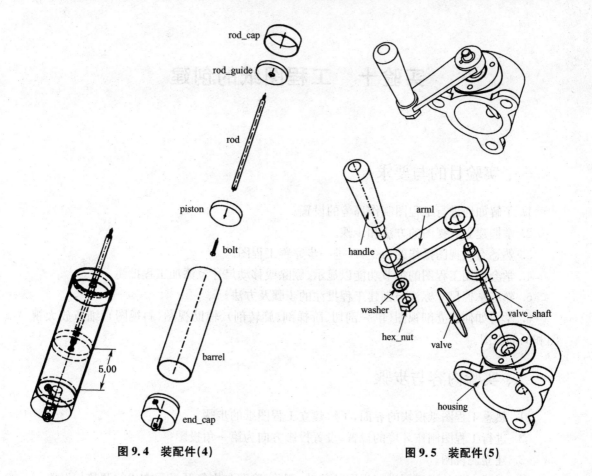

图 9.4 装配件(4)　　　　　　　　　　图 9.5 装配件(5)

三、实验报告作业及思考题

1. 请列举出在零部件装配模块中可以使用的装配约束类型。
2. 在零部件装配过程中,应选择什么样的零件作为装配的主体零件?
3. 解释 Align 约束和 Mate 约束之间的区别。
4. 有哪两个约束选项可以用来放置与孔同轴的轴杆?
5. 如何生成装配件的爆炸视图? 如何调整爆炸视图中各零件之间的距离?
6. 如何产生装配体的剖面图?
7. 装配修改主要可从哪几方面进行? 起到什么样的作用?

实验十　工程图纸的创建

一、实验目的与要求

1. 了解如何进行工程图制作环境的设置。
2. 掌握建立三视图的方法和步骤。
3. 熟悉有关视图操作的命令，以进一步完善工程图。
4. 学会使用工程图的细节功能以显示、删除或移动尺寸及添加工程批注。
5. 熟练掌握尺寸标注与创建工程批注的步骤及方法。
6. 学习如何建立剖视图（单一剖切、阶梯剖、旋转剖）、辅助视图（斜视图）、细节放大视图和局部视图。

二、实验内容与步骤

1. 熟悉工程图纸模块的界面，了解建立工程图纸的步骤。
2. 进行工程图制作环境的设置，设置投影方向为第一角投影。
3. 建立三视图。
4. 对建立好的三视图进行视图的移动、删除、隐藏与恢复及显示方式的调整与设置。
5. 使用工程图的细节功能。
6. 建立尺寸标注与创建工程批注。
7. 练习剖视图（包括全剖、半剖、局部剖）和其他辅助视图（斜视图）的建立方法。
8. 在工程图纸模块中改变零件的尺寸参数，检查零件的设计修改是否影响其三维模型；在三维造型模块中也对零件的设计进行修改，检查 2D 工程图中是否相应地自动更新。
9. 建立图 10.1 所示的零件模型和工程图纸，分别以"ep10-1. prt"和"ep10-1. drw"的名称保存。

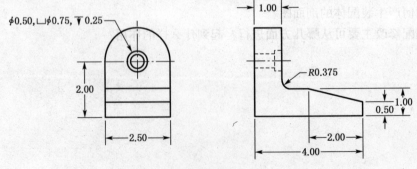

图 10.1　视图表达

10. 请根据图 10.2～图 10.6 所给出的不同表达方案的零件工程图,自行设计尺寸建立零件的三维模型,分别以"ep10-2. prt"～"ep10-6. prt"的名称保存;并建立所有这些模型相应的二维工程图纸,分别以"ep10-2. drw"～"ep10-6. drw"的名称保存。

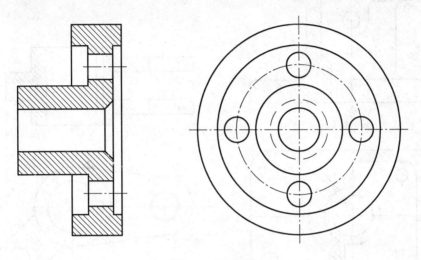

图 10.2 全剖视

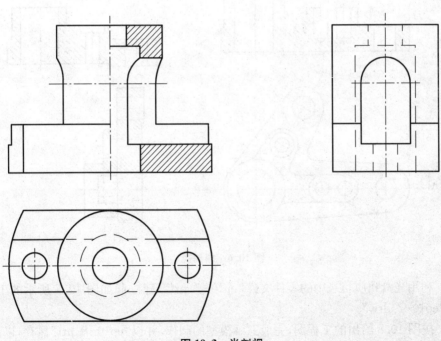

图 10.3 半剖视

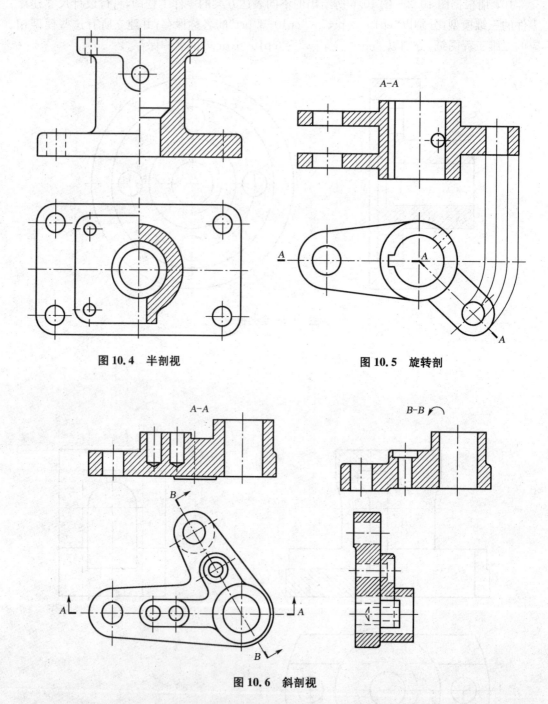

图 10.4　半剖视　　　　　　　　　　图 10.5　旋转剖

图 10.6　斜剖视

11. 利用光盘相应目录中的零件文件"ep10-7. prt"，建立起如图 10.7 所示的工程图，保存为"ep10-7. drw"。

12. 按图 10.8 给出的工程图，完成三维模型的制作，并以"ep10-8. prt"保存；以该三维模型为基础，在 Pro/ENGINEER 工程图模块中制作出如图所示的工程图，以"ep10-8. drw"保存（表面粗糙度、公差等按图绘制）。

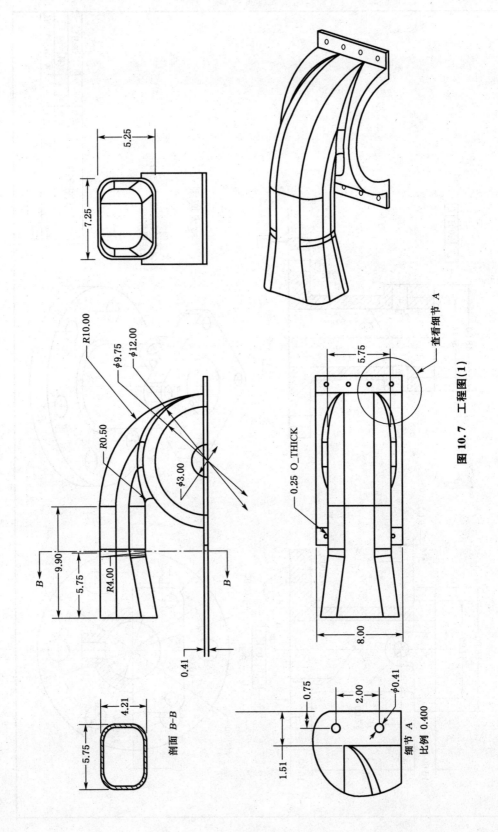

图 10.7　工程图(1)

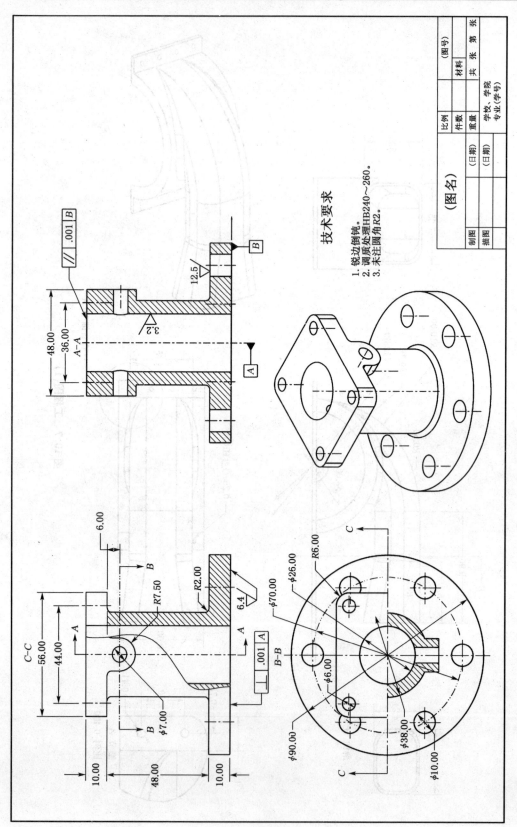

图 10.8 工程图(2)

三、实验报告作业及思考题

1. 如何设置视图的投影方式为"第一角(First Angle)投影"？在一个工程图里进行文本的高度、箭头的形式等有关绘图环境的设置？如何改变尺寸标注的精度？

2. 一般视图和投影视图之间的区别是什么？

3. 解释工程图模块中全剖视图、半剖视图、局部剖视图、斜视图之间的区别及适用的场合。

4. 在工程图中，如何设置隐藏线的显示方式？如何改变切边(线)的显示方式？如何改变视图的显示模式？

5. 如何在工程图中添加技术要求？

6. 描述在工程图模块中添加标题栏的过程。

7. 如何建立工程图的模板文件？简单说明建立一个完整的工程图的操作步骤。

实验十一   综合应用实验

一、实验目的与要求

综合应用本课程所学的各种造型的方法和技巧,解决工程中的一些具体问题,达到熟练运用 Pro/ENGINEER 软件进行三维参数化实体造型、建立工程图纸和装配的目的。

二、实验内容与步骤

下面给出安全阀、齿轮油泵和千斤顶的全部零件图纸(图 11.1~图 11.11),请选择其中之一:

1. 进行零件的三维参数化造型;
2. 按照图纸要求进行装配;
3. 建立装配体的工程图纸。

对于本实验的内容,也可以结合自己实践需要,如课程设计题目或老师的科研课题进行。

三、实验报告作业及思考题

1. 绘制出装配体的工程图纸及装配体模型,要求有图框、标题栏、明细表及尺寸标注。
2. 将所有的零件造型文件、装配文件、工程图文件以及简要的建立过程说明等以电子文档的形式上交。
3. 写出学习本门课程的总结报告,包括收获、心得、体会,对于本门课程的建议等,不少于 2 000 字。

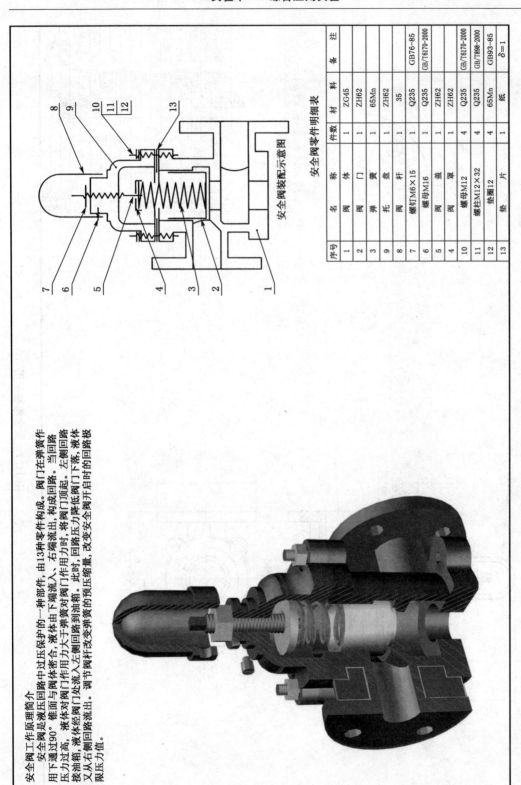

安全阀装配示意图

安全阀零件明细表

序号	名　　称	件数	材　　料	备　注
1	阀　　体	1	ZG45	
2	阀　　门	1	ZH62	
3	弹　　簧	1	65Mn	
9	托　　盘	1	ZH62	
8	阀　　杆	1	35	
7	螺钉M6×15	1	Q235	GB76-85
6	螺母M16	1	Q235	GB/T6170-2000
5	阀　　盖	1	ZH62	
4	阀　　罩	1	ZH62	
10	螺母M12	4	Q235	GB/T6170-2000
11	螺柱M12×32	4	Q235	GB/T898-2000
12	垫圈12	4	65Mn	GB93-85
13	垫　　片	1	纸	δ=1

安全阀工作原理简介

安全阀是液压回路中过压保护的一种部件，由13种零件构成。阀门在弹簧作用下通过90°锥面与阀体密合，右端流入、左端流入，构成回路。当回路压力过高，液体对阀门作用力大于弹簧对阀门作用力时，将阀门顶起。左侧回路接油箱，液体经阀门流入左侧回路到油箱。此时，回路压力降低阀门下落，液体又从右侧阀门流出。调节阀杆时改变弹簧的预压缩量，改变安全阀开启时的回路极限压力值。

图 11.1　安全阀装配示意图

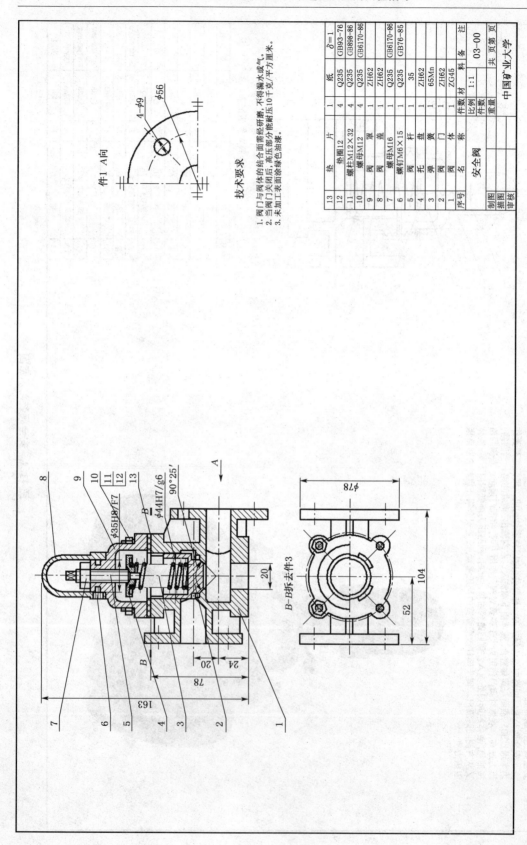

图 11.2 安全阀装配图

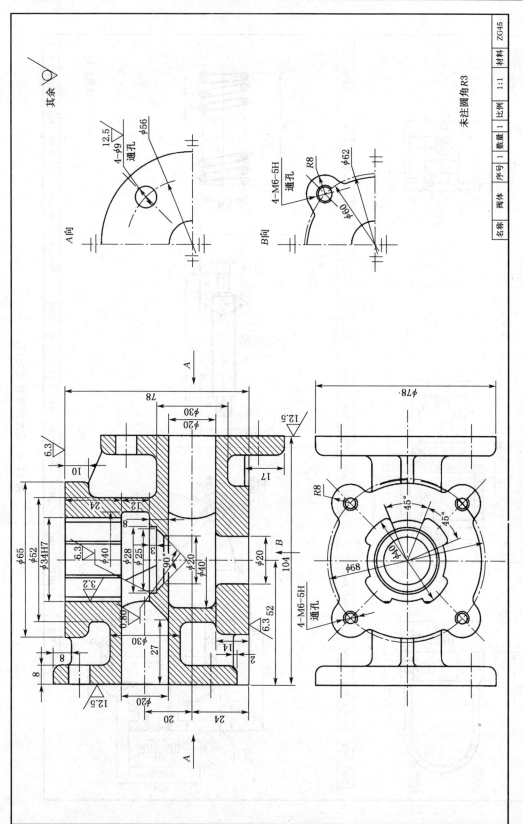

图 11.3 安全阀零件图纸（1）

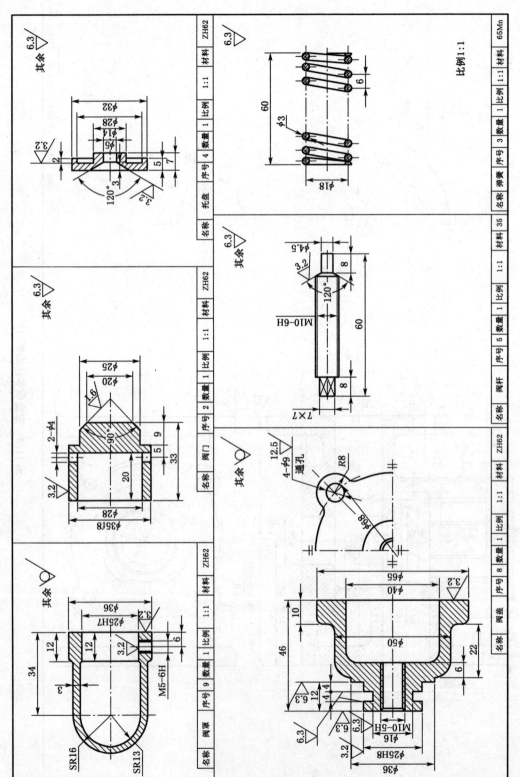

图 11.4　安全阀零件图纸（2）

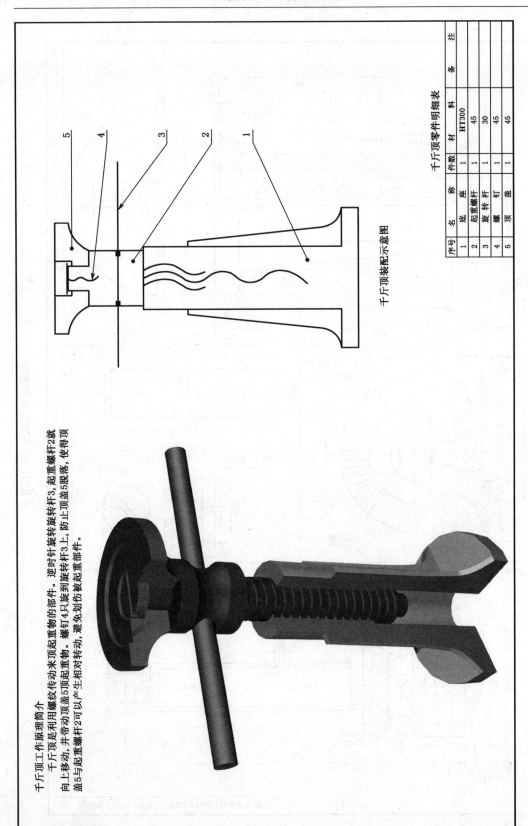

千斤顶工作原理简介

千斤顶是利用螺纹传动来顶起重物的部件。逆时针旋转旋转杆3，起重螺杆2级向上移动，并带动顶盖5顶起重物。螺钉4只旋到旋转杆3上，防止顶盖5脱落，使得顶盖5与起重螺杆2可以产生相对转动，避免划伤被起重部件。

千斤顶装配示意图

千斤顶零件明细表

序号	名　称	件数	材　料	备　注
1	底　座	1	HT300	
2	起重螺杆	1	45	
3	旋 转 杆	1	30	
4	螺　钉	1	45	
5	顶　盖	1	45	

图 11.5　千斤顶装配示意图

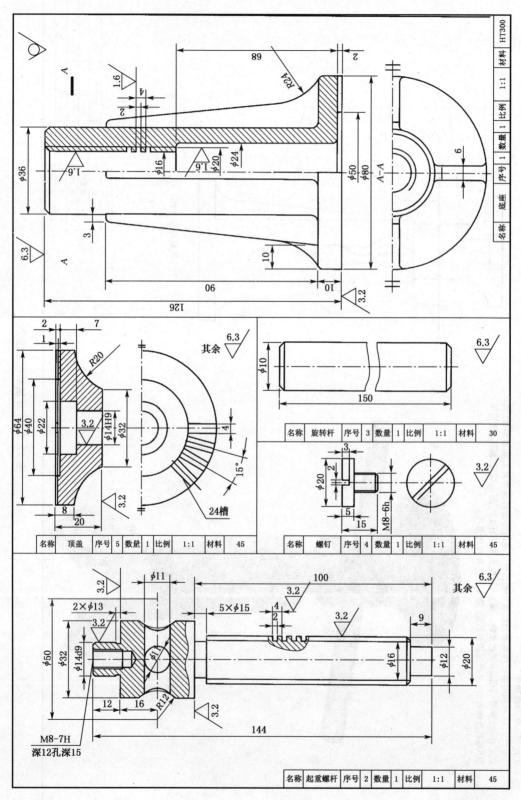

图 11.6 千斤顶零件图纸

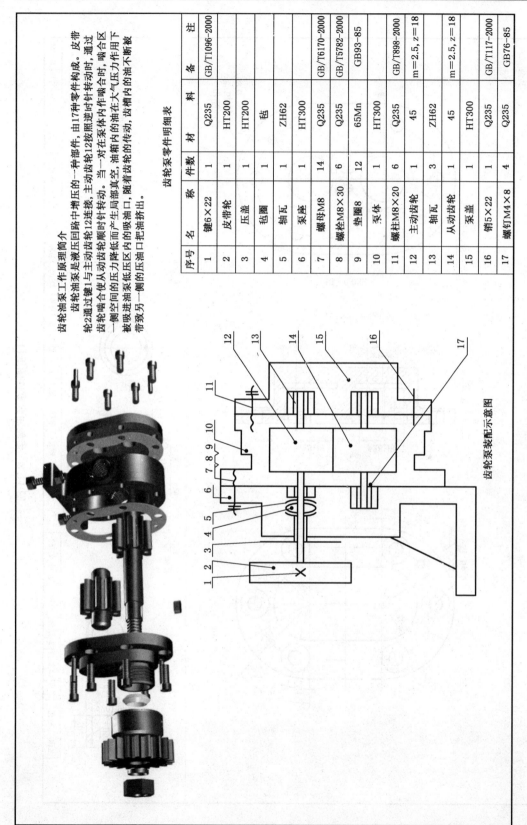

齿轮油泵工作原理简介

齿轮油泵是回转增压的一种泵，由17种零件构成。皮带轮2通过键1与主动齿轮12连接，主动齿轮12按照逆时针转动啮合时，齿轮啮合使从动齿轮顺时针转动。当一对齿轮在泵体内作啮合时，油箱内的油在局部真空，油箱内的油在大气压力作用下被吸进油泵低压区内的吸油口，随着齿轮的传动，齿槽内的油不断被带受另一侧的压油口把油挤出。

齿轮泵零件明细表

序号	名称	件数	材料	备注
1	键6×22	1	Q235	GB/T1096-2000
2	皮带轮	1	HT200	
3	压盖	1	HT200	
4	毡圈	1	毡	
5	轴瓦	1	ZH62	
6	泵座	1	HT300	
7	螺母M8	14	Q235	GB/T6170-2000
8	螺栓M8×30	6	Q235	GB/T5782-2000
9	垫圈8	12	65Mn	GB93-85
10	泵体	1	HT300	
11	螺柱M8×20	6	Q235	GB/T898-2000
12	主动齿轮	1	45	$m=2.5$, $z=18$
13	轴瓦	3	ZH62	
14	从动齿轮	1	45	$m=2.5$, $z=18$
15	泵盖	1	HT300	
16	销5×22	1	Q235	GB/T117-2000
17	螺钉M4×8	4	Q235	GB76-85

齿轮泵装配示意图

图 11.7　齿轮油泵装配示意图

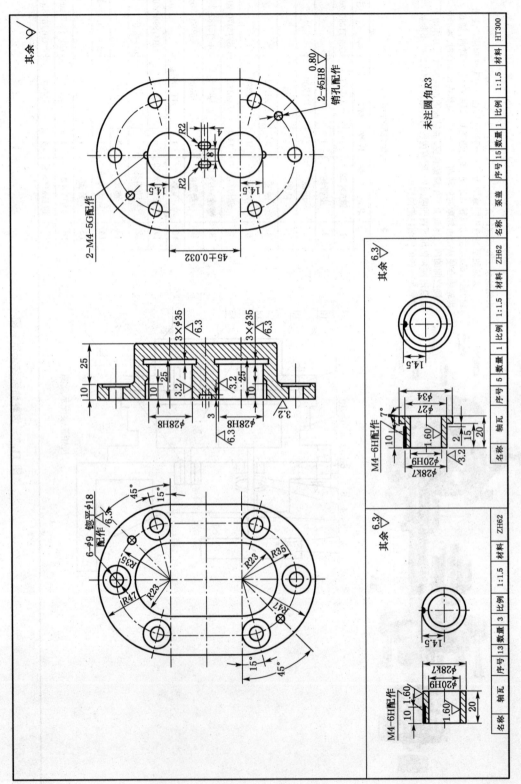

图 11.8 齿轮油泵零件图纸(1)

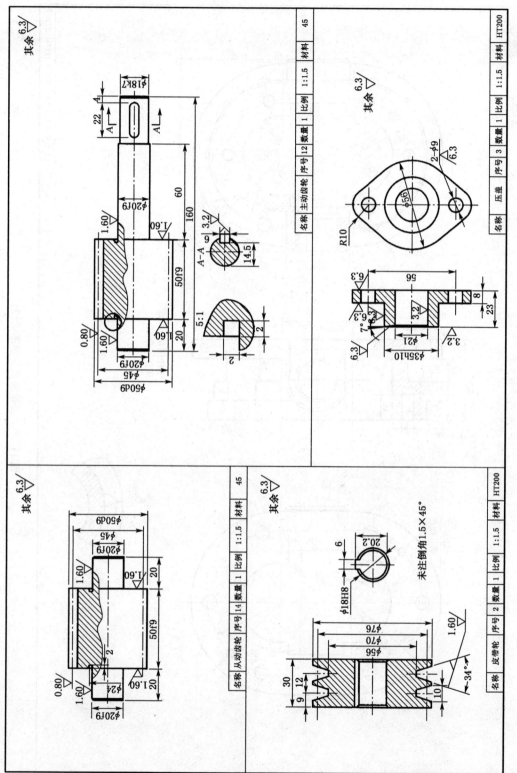

图 11.9　齿轮油泵零件图图纸（2）

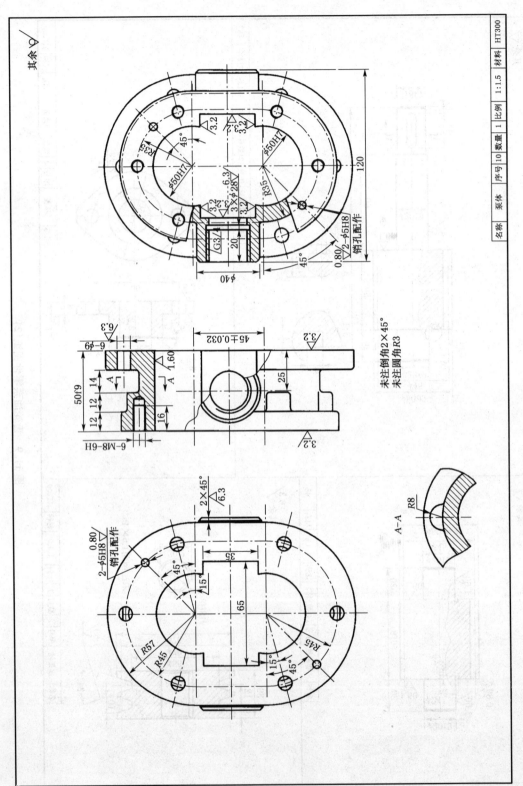

图 11.10 齿轮油泵零件图纸(3)

名称 泵体 序号 10 数量 1 比例 1:1.5 材料 HT300

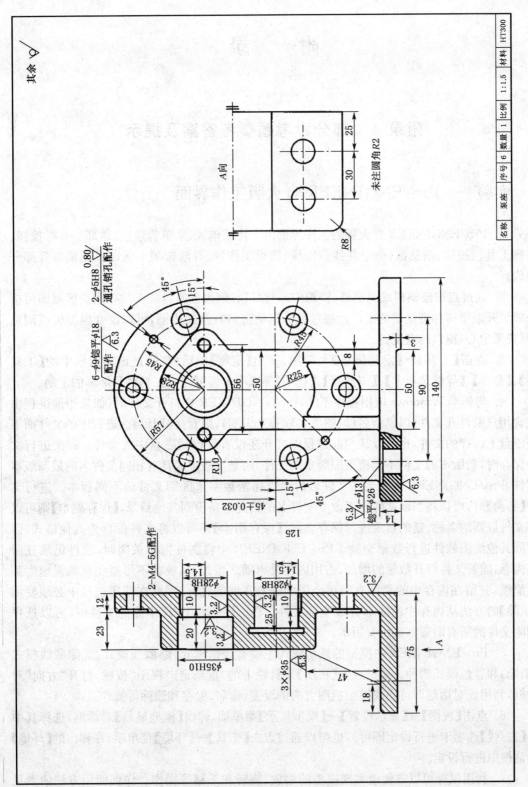

图 11.11 齿轮油泵零件图纸（4）

附　　录

附录 A　部分思考题参考答案及提示

实验一　Pro/ENGINEER 野火版工作界面

1. Pro/ENGINEER 野火版的工作界面由下拉菜单区、菜单管理区、顶部工具栏按钮、右侧工具栏按钮、消息区、命令在线帮助区、图形工作区、导航选项卡区以及浏览器等部分组成。

2. 通过点击模型树或浏览器(资源中心)窗口右侧边框的"＜"或"＞"箭头区域即可折叠或展开模型树和浏览器的窗口。通过鼠标拖动窗口右侧的边框,可以改变模型树或浏览器(资源中心)窗口的宽度。

3. 点击【工具】→【定制屏幕】菜单项,弹出【定制】对话框,通过该对话框中的【工具栏】、【命令】、【导航选项卡】、【浏览器】、【选项】等选项卡即可完成工具栏和屏幕的定制。

4. 与标准 Windows 应用程序不同,Pro/ENGINEER 中打开文件时,如果当前进程中包含用户要打开文件(以模型名称、图纸名称等来识别),则直接打开当前进程中的文件而不是磁盘上保存的文件,也可以从当前进程中打开还没有保存到磁盘中的文件。每次进行文件保存时,新版本的文件不会覆盖旧版本的文件,而是自动生成具有相同文件名的最新版本文件,Pro/ENGINEER 系统会在文件名后面以递增数字来区别文件的不同版本。进行文件【备份】时,可以将当前文件在不改变文件名的情况下备份到其他目录,【保存副本】则可以将文件以新的名称、新的目录进行保存,通过【保存副本】还可以将文件保存为其他格式,以便同其他绘图软件进行数据交换。Pro/ENGINEER 中将文件窗口关闭时,文件仍然驻留在内存,随着文件打开数量的增加,占用内存量也随之增加,系统将不可避免地减慢速度甚至崩溃,驻留在内存中的文件有时还会影响磁盘文件的打开,因此在使用过程中必须使用【拭除】的方法从内存中清除部分或全部文件。Pro/ENGINEER 中删除文件时,可以选择删除文件的所有旧版本或所有版本。

5. Pro/ENGINEER 中模型的显示模式主要有线框模式、隐藏线模式、无隐藏线模式(消隐)和着色模式四种。通过点击【视图】工具栏上的"重新定向视图"按钮,打开"方向"对话框,利用该对话框即可完成模型视图方向的设置、命名、保存和删除等操作。

6. 点击【视图】→【显示设置】→【模型显示】菜单项,弹出【模型显示】对话框,选择其中的【边/线】选项卡进行设定即可。也可以通过点击【工具】→【环境】菜单项,在弹出的【环境】对话框中进行设定。

7. 利用鼠标可以方便地实现模型的缩放、旋转和平移等操作。详细使用方法请参见由孙海波和陈功主编、东南大学出版社出版的 Pro/ENGINEER WildFire 4.0 三维造型及应用(以下简称教材)的 1.3.5 小节。

8. 通过点击【视图】→【颜色和外观】菜单项,在弹出的【外观编辑器】对话框中进行设定。

9. Pro/ENGINEER 中对于文件的存取操作是针对当前工作目录进行的,在使用 Pro/ENGINEER 时应先设置好系统工作目录,以方便文件的存储、读取等操作。Pro/EN-GINEER 中设置工作目录的方法是,通过点击【文件】→【设置工作目录】菜单项,然后在【选取工作目录】对话框中进行选择、设置。还可以通过更改 Pro/ENGINEER 的起始目录,来改变 Pro/ENGINEER 每次启动后的缺省工作目录。

10. 一般情况下,特征级别的几何对象可以通过模型树或工作区选取,而特征中的点、边线、面,则需要在图形区中直接点击选择。Pro/ENGINEER 采用"由上至下"的选取方式,即首先选择高层次的几何对象,然后再选择该对象范围内较低层次的几何要素。对象的选择方法是通过鼠标在模型树或工作区中鼠标单击要选择的对象,如果要同时选择多个对象,则需按住键盘上的 Ctrl 键,如果按住键盘上的 Ctrl 键单击已经选中的对象,则会将该对象从选择集中删除。选取时,所选项目的数量列在状态栏的"过滤器"前面,双击此数字可打开【选定项目】对话框,用户可以移除列表中任何已选项。通过点击状态栏右侧"过滤器"下拉列表箭头,从中可以选择过滤对象的类型。

实验二　2D 参数化草图的绘制及标注

1. 单击【草绘】→【选项...】菜单项,弹出【草绘器优先选项】对话框,在该对话框的【参数】选项卡【相对】框中输入的值即为草图精度(介于 1.0E-9 和 1.0 之间),草图环境中的小数点位数则在【参数】选项卡中的【小数位数】框中进行输入。

2. 构造线(中心线)的主要作用是作为二维草绘的辅助,其本身不作为三维模型截面的几何元素,中心线还可以作为图元镜像操作的对称线或对称约束的对称线,在建立旋转特征时,中心线还可以作为截面的旋转轴线。首先选中需要转换为构造线的圆、椭圆、样条曲线等几何元素,然后右击,在弹出菜单中执行【构建】,就可以将这些几何元素转换为构造线。

3. 用户激活文本绘制命令后,需在屏幕上指定两点,这两点连线的距离和方向分别决定了所生成的文本的高度和文本行的倾斜方向。需要将文本沿着某条曲线放置时,只需在【文本】对话框中选中【沿曲线放置】,然后再指定一条文本放置曲线即可。

4. 尺寸标注的基本步骤是:①用鼠标左键选取要标注的几何图元;②用鼠标中键指定尺寸的放置位置。Pro/ENGINEER 系统会根据用户所选的标注几何元素类型以及鼠标点击的位置等,自动给出相应类型的尺寸标注。尺寸数值的修改主要有单个尺寸逐个修改和多个尺寸整体修改两种方式。进行整体性的尺寸标注数值修改时,将"修改尺寸"对话框中的"再生"复选框去除勾选的主要目的是防止某个尺寸数值太大或太小而破坏当前草绘图形。如果勾选了"锁定比例"复选框,则草绘图形的形状不会发生变化,改变某个尺寸数值即对图形进行整体放大或缩小,修改了任意一个尺寸数值后,其他尺寸数值会按相同的比例放大或缩小。

5. 某个尺寸被"锁定"后,该尺寸的数值将不再受其他图元调整或其他尺寸数值修改的影响。用鼠标双击要修改的尺寸数值,会弹出一个输入框,用户直接输入修改后的尺寸数值即可,也可以用整体尺寸修改的方式在【修改尺寸】对话框中进行修改。替换已有尺寸标注的步骤如下:①单击【编辑】菜单下的【替换】选项;②系统要求选择一个要替换的尺寸,用户选取的尺寸将被删除;③系统接着提示用户创建一个新的尺寸来替换刚才被删除的尺寸。

6. 几何图元的剪切和延伸操作主要通过草绘器工具栏上的━按钮来完成。对所选中的图元进行镜像操作时,Pro/ENGINEER 要求用户指定一条中心线作为镜像操作的对称线。

7. Pro/ENGINEER 草绘环境中的几何约束主要有竖直约束、水平约束、垂直约束、相切约束、点在线的中点上、共点、点在线上、共线约束、对称约束、直线长度或圆弧半径相等约束、平行约束等。

实验三　基础特征的建立

1. "伸出项"与"切口"主要区别是:"伸出项"是添加材料的实体特征,而"切口"是去除材料的实体特征。"薄板伸出项"与"薄板切口"的主要区别是:"薄板伸出项"是添加材料的具有一定厚度的薄板特征,而"薄板切口"则是去除材料的具有一定厚度的薄板特征。这四种方式建模的步骤和方法基本相同。

2. 略。

3. 定义旋转剖面草图中的直径尺寸基本步骤如下:首先点击要标注直径的图元,然后点击旋转中心线,再单击前面要标注直径的图元,最后用中键点击放置尺寸即可。旋转特征对截面草图的要求如下:①必须有中心线表示的旋转轴线,并且截面中必须标注相对于中心轴线的参数(距离或角度),若草图中有两条以上的中心线,则系统自动以第一条为旋转轴;②截面必须封闭,并且截面的所有元素必须处于旋转轴线的同一侧。

4. 当模型中已存在实体特征、扫描的轨迹线是开放的并且其一个或两个端点位于该实体特征上时,在建模过程中系统会弹出"合并终点"和"自由端点"的选项菜单,如果用户选择了"合并终点",则扫描特征会在位于实体上的端点处自动与已有实体进行结合,如果选择了"自由端点",则扫描特征端点处不会与已有实体做结合处理。建立扫描实体特征时,"增加内部因素"和"无内部因素"适用于封闭的扫描轨迹线,选择"增加内部因素"时,截面必须开放,而选择"无内部因素"时,截面必须封闭。建立扫描特征失败的可能原因主要有:①扫描轨迹弯曲程度太大,可以通过减小轨迹线某些部分的曲率来重新生成扫描特征;②截面距离轨迹中心点太远或截面尺寸太大。

5. 创建混合特征时,对截面的要求如下:①明确定义截面与截面之间的相对位置,或相对于同一个坐标系的位置;②每一个截面的图元段数必须相同,即每一个截面的顶点数量必须相同;③各个截面起始点和起始方向应该一致。改变截面的起始点时,首先选择截面中要作为起始点的顶点,然后右击鼠标,弹出快捷菜单,从中选择【起始点】选项即可;改变截面的起始点方向时,首先选中截面中的当前起始点,然后右击鼠标,弹出快捷菜单,从中选择【起始点】选项即可。定义双重混合顶点时,首先选中欲作为双重顶点的顶点,右击鼠标,从弹出的快捷菜单中选择【混合顶点】菜单项,该顶点即成为双重混合顶点。需要注意的是,起始点不能定义为双重混合顶点。

实验四　工程特征的建立

1. Pro/ENGINEER 中孔特征分为三种,即直孔、草绘孔和标准孔。孔的定位类型主要有线性、径向、直径和同轴四种,另外还可以选择位于某个平面内的基准点作为孔的定位。孔的深度类型主要有可变、对称、穿过下一个、到选定项、穿透、穿至六种方式。标准孔是可以与标准的外螺纹(螺栓、螺钉、螺柱等)相配合的螺纹孔。标准孔是基于相关的工业标准的,用户可定义不同的末端形状(标准沉孔和埋头孔)、螺纹尺寸、孔的深度、公称直径等。

2. 圆角的放置参照主要包括边链、曲面-曲面、边-曲面、曲面链等类型。在圆角特征的创建过程中,用户可以通过添加不同的圆角半径值来实现变半径的倒圆角。创建圆角特征需要注意以下几点:①在造型过程的后期创建圆角;②在创建较大半径的圆角前,先创建半径较小的圆角;③避免使用圆角特征作为建立特征的参考和尺寸标注的参考,以避免不必要的特征父子关系;④对于需要拔模的表面,应先建立拔模特征,后建立圆角特征;⑤先建立加材料的圆角特征,后建立减材料的圆角特征;⑥对于存在抽壳特征的零件,应该先建立圆角特征,后建立壳特征,因为先建立壳特征后倒圆角会使得壳的壁厚不均匀。

3. 拔模过程中,拔模曲面可以围绕枢轴平面与拔模曲面的交线旋转而形成拔模斜面,在拔模特征的建立过程中,该平面的大小保持不变。拔模曲面可以围绕一条曲线旋转而形成拔模斜面,这条曲线就是枢轴曲线,它必须在拔模面上,并且在拔模前后该曲线的长度保持不变。

4. 管道特征的轨迹线主要有三种,即样条曲线、常数半径和多重半径三种。可以通过选择一系列现有模型上的顶点或基准点作为轨迹线上的点来生成管道的轨迹线。

5. 创建剖截面时,选择【视图】→【视图管理器】菜单项,或者单击【视图】工具栏中的图标按钮,将弹出【视图管理器】对话框,在该对话框的【X 截面】选项卡中可以建立各种形式的剖截面。在 Pro/ENGINEER 中,剖截面分为【平面】和【偏距】两种类型,前者为单一的剖切面;后者为几个平行或者相交的剖切面。创建【偏距】型剖截面时,需要进行草绘。

实验五　基准特征的建立

1. 基准平面的用途主要有:草绘平面、定向参考面、尺寸标注的参考、设定视角方向的参考平面、产生剖视图的剖切平面、镜像特征的参考面、装配时零件相互配合的参考平面。产生基准平面的几何约束条件有以下几种:通过轴线、边、曲线、基准点、顶点、已经建立或存在的平面或圆锥曲面等;垂直于指定的轴线、边或平面;平行于某个平面;与某个平面或坐标系偏移一定的距离;与某个指定的平面成一定的角度;与某个圆柱面或圆锥面相切;通过某混合特征的特征截面。其中三类约束只能单独使用:①通过曲线、已经建立或存在的平面或圆锥曲面;②与某个平面或坐标系偏移一定的距离;③通过某混合特征的特征截面。其余类型的约束条件可以与其他选项配合使用。

2. 基准特征的名称可以通过下列方法改变:选择【编辑】→【设置】菜单项,在随后出现的【菜单管理器】中选取【名称】选项,选取要更改名称的基准特征,此时在状态栏出现一个文本框,输入新的基准特征的名字即可完成基准特征名称的更改;或者在模型树中选中要修改名称的基准特征,右击鼠标,从弹出的快捷菜单中选择【重命名】选项进行更改;还可以在模型树中选中要修改名称的基准,然后在基准名称上单击,在输入框中输入新的基准名称。改变基准平面的黄色面和黑色面的方向也就是改变基准面的法线方向,首先选中要改变法线方向的基准面,然后右击,在弹出菜单中选择【编辑定义】,在随后弹出的【基准平面】对话框中的选择【显示】选项卡,最后单击【反向】按钮,即可调整基准平面的法线方向。

3. 建立基准轴主要有以下几种方式:通过指定的边、垂直于指定的平面(需要提供定位尺寸)、通过平面上的某个点并且与该平面垂直、通过圆柱面的中心线、两个平面的交线、通过指定的两个基准点或顶点、通过曲面上的指定点并且与曲面上该点的法线方向一致、通过曲线上的指定点并在该点处与指定的曲线相切。倒圆角时系统不会自动产生中心轴线,可以采用通过圆柱面中心线的方式建立倒圆角面的中心轴线。

4. 基准点在三维造型中的作用:①某些特征需要借助基准点来定义参照,例如不等半径的倒圆角、管道特征轨迹线上的点、圆孔的定位点、通过某个基准点的基准平面等;②草绘曲线时,可以通过参照某些基准点,实现基准曲线的精确、灵活绘制。使用"投影"和"包络"方法建立基准曲线时,都可以获得曲线在某个曲面上的投影曲线。使用"投影"方法建立的曲线的长度一般与原有的曲线长度不同,要进行投影处理的曲线可以是平面的曲线,也可以是空间的曲线,一次可以建立一条或几条曲线的投影曲线;而"包络"投影后的曲线长度与原来的曲线长度相同,要进行包络投影处理的曲线只能是平面的曲线,一次只能建立一条草绘曲线的包络投影曲线。

5. 建立基准坐标系的方式主要有:在3个平面的交点处产生坐标系、指定坐标系的原点和两个互相垂直的坐标轴、指定互相垂直的两条直线作为坐标系的两个轴(坐标原点为这两根轴的交点)、指定一个平面与2个轴(坐标原点为平面与第一轴的交点)、从一个坐标系以平移或旋转的方式产生另一坐标系。

实验六　曲面特征的建立与应用

1. 当模型以线框方式显示时,系统以不同的颜色分别表示曲面的边界线和棱线,在Pro/ENGINEER 野火版缺省的系统颜色配置下,暗红色代表曲面的边界线,其意义为该暗红色边的一侧属于该曲面特征,另一侧不属于该曲面特征,紫色代表曲面的棱线,其两侧都属于该曲面特征。曲面造型实际上是为实体造型服务的,而一个面组能够转换成实体模型的前提条件就是这个面组本身是封闭的,或者这个面组和模型中已有实体的表面能够形成封闭的面组,不存在缝隙或者破孔。在这种情况下,以线框显示的曲面模型中出现的只有紫色的棱线,而不会有暗红色的边界线。因而,根据曲面面组的颜色显示状态就可以判断该面组是否封闭。

2. 对曲面模型进行剖切时,剖截面中没有剖面线显示;而实体模型剖截面中有剖面线的显示。以"线框"的方式显示时,曲面模型以紫色的线条显示,表示的是曲面的棱线;而实体模型以白色的线条显示,表示的是实体的边界线。此外,从模型树中也可以看出,曲面模型显示的是曲面的标识,而实体模型显示的则为实体标识。另外,如果打孔、抽壳、肋板等实体特征造型工具可用,则当前模型是实体模型,否则当前模型为曲面模型。

3. 曲面的选取方法主要有:①通过几何对象的层级选择方式可以进行实体上的曲面

选择,或者在曲面复制状态下,在选择"过滤器"中选择"曲面",可选择实体表面的曲面,同时可以配合 Ctrl 键多选;②通过定义种子曲面和边界曲面来选择种子曲面到边界曲面之间的所有曲面;③在选择"过滤器"中选择"面组",可以选择到模型中的曲面组;④选取某个实体曲面后右击,在弹出菜单中选择"实体曲面",可以选择整个实体表面;⑤通过目的曲面可以自动选择多个相互关联的曲面。

4. 使用【编辑】菜单下的【复制】、【粘贴】和【选择性粘贴】命令,可以实现曲面的复制。复制的方式主要有:按原样复制所有曲面、排除曲面并填充孔、复制内部边界等。

5. 曲面的偏移操作分为"标准"偏移、"具有拔模斜度"偏移、"展开"偏移和"替换曲面"偏移四种。"具有拔模斜度"的偏移所建立的偏移曲面的侧面具有拔模角度,而"展开"的偏移则没有拔模角度。

6. 连接(Join)是将两个具有公共边界线的曲面或者面组合并连接成为一个新的面组;而相交(Intersect)则是将两个相交的曲面或者面组,以两个曲面或面组的交线为裁剪边界,保留一部分而删除另一部分,重新形成一个新的独立的面组。以"线框"的方式显示图中的模型时,如果两个相邻的曲面边界线不是以暗红色显示而是以紫色显示,则说明这两个曲面已经成功合并。

7. 曲面的延伸操作有相同、逼近和切线三种方式。

8. 曲面实体化的方法主要有以下几种:①将整个曲面或面组转换成实体模型,要求曲面或面组本身是封闭的,或者这个曲面或面组和模型中已有实体的表面能够形成封闭的面组,不存在缝隙或者破孔;②将整个曲面或面组转换成薄板实体,要转换为薄板的曲面或面组可以是封闭的,也可以是开放的;③利用曲面来切割实体,此时曲面应该能够完全将实体分割为两个部分(即曲面的扩展范围不能小于实体),否则不能够切除;④利用曲面来替代实体的表面,替代实体表面的曲面必须大于实体的已有表面,否则无法成功替代实体表面。

9. 边界混合特征中的约束类型有自由、切线、曲率、垂直,分别用于控制边界混合曲面各个边界处与其他曲面的几何连接关系。

10. 边界混合特征中的控制点主要用于控制各条混合曲线之间点的对应混合关系,可以有效防止混合时因顶点对应关系混乱而造成的曲面扭曲甚至混合失败的情况。

11. 做双方向边界混合曲面时,绘制第二方向的控制曲线时,应与第一方向的每条曲线都相交连接,而不能是空间的交叉连接。可以通过创建一些基准点、在草绘中充分运用参照等方法来绘制第二方向的控制曲线。

实验七　特征的复制与操作

1. 特征的阵列一次可复制出多个特征,但对每一特征的操作性较低;特征的复制一次只能复制出一个特征,但对每一特征的操作性较高。特征阵列所复制出的特征在相互位置上具有一定的规律;特征的复制可在任意位置。

2. 特征的阵列类型主要有:尺寸、方向、轴、填充、表、参照、曲线。"相同"阵列得到的所有特征与原始特征尺寸相同,所有特征必须放置在同一平面上,子特征不得与放置平面的边缘相交,子特征之间也不能相交,在三种选项中相同阵列的限制最多,生成速度也最快;"可变"阵列的得到的特征可以与原始特征尺寸不同,可以将这些特征放置在不同平面上,阵列出的子特征之间不得相交,但可以与放置平面的边缘相交;Pro/ENGINEER 对"一般"特征阵列得到的特征不做假设,系统会单独计算每个特征的几何,并分别对每个特征进行求交,因而其再生速度最慢。"一般"特征阵列得到的特征可以与原始特征尺寸不同,可以将这些特征放置在不同平面上,可以与放置平面的边缘相交,阵列的特征之间也可以相交。

3. 特征的定形尺寸和定位尺寸均可作为特征阵列的驱动尺寸,定形尺寸控制阵列特征在形状上的变化,而定位尺寸则控制阵列特征的位置分布。建立尺寸增量关系有输入增量值、表、按关系定义增量值等方式。

4. 参照阵列是利用已经存在的阵列来产生一个新的阵列。在已有阵列的父特征的基础上继续添加新的特征时,如果希望该新添加的特征运用于上面阵列出的所有特征时,可以使用参照阵列。

5. 如果要采用尺寸驱动的方式建立旋转特征,则建立父特征时,必须要有特征的旋转定位尺寸(角度尺寸)。另外,可以使用"轴"阵列方式,实现旋转阵列,此时模型中应该包含旋转阵列所需的轴线。

6. 点击【编辑】→【特征操作】菜单项,在弹出的特征操作菜单中的选择【镜像】复制方式,可实现特征的镜像复制;如果要镜像整个模型,则在特征复制菜单中选择【所有特征】。通过单击【编辑特征】工具栏中的 按钮,也可以实现特征的镜像。

7. 创建用户自定义特征(UDF)的基本步骤是:①创建要定义为 UDF 的特征及其参考特征;②点击菜单【工具】→【UDF 库】,选择或输入要创建的 UDF 的类型、名称等信息;③选取特征添加到 UDF 中;④创建外部参考的提示;⑤定义 UDF 的可变尺寸。特征成组操作的基本步骤是:①在模型树或工作区中配合 Ctrl 键选中要作为一组特征的多个特征;②单击鼠标右键,在弹出菜单中选择【组】,或者执行菜单项【编辑】|【组】。

8. 通过编辑特征的参照,可以改变特征之间的父子关系。

9. 选中要修改的特征后右击,在弹出菜单中选择【编辑】,就可以修改特征的尺寸数值,尺寸数值修改后,需要点击【编辑】工具栏上的 按钮,进行模型的更新,以显示出特征尺寸数值修改后的模型。编辑修改特征的截面形状、尺寸标注方式、生长属性和方向等内容时,可以先选中要修改的特征,然后右击,在弹出菜单中选择【编辑定义】,最后在弹出的特征定义操控板中执行相关操作即可。

10. 特征的插入操作步骤如下:①选择【编辑】→【特征操作】菜单命令,在弹出的【特征】菜单管理器中选择【插入模式】选项,接着在【插入模式】菜单管理器中选择【激活】选项;②选择一个插入位置参考特征,将在该参考特征后面插入新特征,同时被选特征之后的所有特征将被自动隐含;③按常规方法创建一个或多个新特征。也可以直接拖动模型树中的红色的【在此插入】箭头到指定位置,则自动激活插入模式。通过【特征操作】菜单中的【重新排序】菜单项,可以改变特征建立的顺序,也可以在模型树中直接拖动要改变顺序的特征至所需要的位置。在改变特征的建立顺序时,不能将子特征调整到其父特征的前面,除非首先解除特征之间的父子关系。

11. 特征的删除与隐含操作的主要区别在于,被隐含的特征将不在模型中显示,直到重新恢复这些特征为止;删除特征则是从零件中永久的删除这些特征且不能再恢复。特征的隐含与特征的隐藏主要有以下几点不同:①特征的隐藏只针对当前被隐藏的特征,而其子特征或父特征不受影响,而特征的隐含则会将相关特征全部隐含。②特征的隐藏操作只能在模型中的基准特征、曲线、曲面特征等非实体特征或包含基准特征的实体特征上进行,而特征的隐含操作则不受此限制。③如果要隐藏的是包含基准特征的实体特征,则系统只在绘图区隐藏该实体特征所包含的基准特征,实体特征不会被隐藏,而特征的隐含操作则会将该特征及其包含的特征全部隐含。④特征的隐藏只是暂时不显示被隐藏特征,被隐藏特征仍然参与模型的各种运算,而特征的隐含则会对被隐含特征进行抑制。

实验八　各种高级特征及应用

1. 建立变截面扫描特征时,为了能使截面在扫描的过程中受各条控制线的控制,草绘截面时,截面线应通过各条扫描控制曲线处于截面的草绘平面上的端点(有星号显示这些控制端点);截面线应尽量光滑平直,截面中的一些细节可暂时不画,如圆角、倒角等,待变截面扫描特征成功生成后,再进一步通过圆角、倒角特征等来实现这些细部结构。

2. 扫描混合特征中,各个扫描截面的方向控制有以下三种方法:垂直于原始轨迹、轴心方向、垂直于轨迹。其中,垂直于原始轨迹用于各个截平面均保持与原始轨迹线垂直的情况,即每个截平面的法线方向与其轨迹控制点处的轨迹切线方向相同;轴心方向用于各个截面之间相互平行的情况,截平面的方向由轨迹平面的法线方向和轴心方向共同确定;垂直于轨迹则必须草绘或选择两条轨迹线,一条为扫描特征的轨迹,另一条则配合确定每一截面的方向。

3. 扫描混合特征中,定义绕 z 轴的旋转角度可以达到特征扭曲的造型效果。在扫描轨迹上增加或删除扫描截面时,首先需要在草绘扫描轨迹时,提供足够的控制点,必要时可以通过草绘工具栏中的 $\rlap{/}{=}$ 按钮,将扫描轨迹分割为多段;其次,通过重定义扫描混合特征的截面,在【截面】菜单中选择【增加】或【移除】菜单项,为已有的扫描混合特征增加或删除扫描的截面。

4. 螺旋扫描特征的典型应用有弹簧、螺纹等。

5. 建立可变螺距的螺旋扫面特征时,为了能得到更多的螺距值控制点,在绘制螺旋扫描特征的轮廓线时,应注意提供足够的控制点,必要时可以通过草绘工具栏中的 $\rlap{/}{=}$ 按钮,将轮廓线分割为多段。可以通过重定义可变螺距螺旋扫面特征的螺距,在【定义控制曲线】菜单中选择【增加点】、【删除】或【改变值】菜单项,可以添加、删除或修改各个控制点的螺距值。

6. 局部推拉、半径圆顶、剖面圆顶、唇特征、耳特征等高级特征在 Pro/ENGINEER 的默认设置中是不可用的,使用这些特征前需要设置 Pro/ENGINEER 选项"allow_anatomic_features"(允许解剖特征)为"yes"。

7. 绘制骨架折弯特征的骨架线应注意:①骨架必须是完全相切的光滑曲线;②骨架应尽量与要弯折的模型两端对齐;③骨架线的起始点位置应尽量定义于折弯实体内;④骨架线的拐弯半径应足够大。指定折弯量平面时,可以直接选取现有实体模型的端面作为折弯量的平面,但该端面必须与骨架折弯特征的第一个折弯量平面(由特征创建过程自动生成)平行,如果模型上没有合适的平面作为折弯量平面时,也可以通过"产生基准"的方法,临时创建一个基准平面,作为折弯量平面。

8. 创建环形折弯特征时,草绘的作用是控制环行折弯后零件的形状。绘制环形折弯特征草绘时应注意:①如果弯折曲线长度超过了板的宽度,则超出部分无效;②草绘中需定义坐标系;③草绘时,应将折弯平板水平放置,草绘图元可以使用自由曲线。

9. 环形折弯特征可将平板绕某个轴线进行折弯,得到的扳金件为回转体,而骨架折弯特征可将平板沿指定骨架线进行折弯,得到的扳金件为一般形体。

10. 可通过【工具】→【参数】菜单项,在【参数】对话框中建立参数;可通过【工具】→【关系】菜单项,在【关系】对话框中建立关系。利用"参数"可建立零件中包含的各种几何和非几何属性,如齿轮的齿数、模数、压力角、分度圆直径、齿顶圆直径、齿根圆直径、轮齿宽度、材料、工艺等;利用"关系"则可建立参数与参数、参数与模型的尺寸以及模型的尺寸之间的相互约束或赋值运算关系,实现模型的参数化驱动。Pro/ENGINEER 中的参数、关系为模型的系列化、智能化设计提供了基础。

实验九　零部件的装配

1. 零部件装配模块中可以使用的装配约束类型共有 11 种,即匹配、对齐、插入、坐标系、相切、线上点、曲面上的点、曲面上的边、固定、缺省和自动。

2. 建立装配体时第一个调入的零件或组件,我们称其为主体零组件或基础零组件。主体零组件一般应满足以下条件:①该零件或组件是整个装配模型中最为关键的零部件;②用户在以后的装配设计修改中不会轻易删除该零件或组件。

3. 对齐(Align)约束和匹配(Mate)约束之间的区别在于,对齐(Align)约束中的两个平面的法线方向相同,而匹配(Mate)约束中的两个平面法线方向相反。另外对齐(Align)约束还可用于两个轴线(直线)之间的对齐,而匹配(Mate)约束不能用于两个轴线(直线)对象之间的约束。

4. 通过对齐或插入约束,可以用来放置与孔同轴的轴杆。

5. 执行菜单项执行菜单【视图】→【分解】→【分解视图】,可得装配模型的分解视图(装配爆炸图);执行菜单【视图】→【分解】→【编辑位置】,弹出【分解位置】对话框,利用该对话框可以使爆炸图中的各零件沿选定的方向进行移动,从而调整爆炸视图中各零件之间的距离。执行菜单【视图】→【分解】→【编辑位置】,通过弹出的【分解位置】对话框对各零件在爆炸图中的位置调整后,这些零件的调整位置并不会随着文件的保存而保存,如果需要保存各零件在爆炸图中的位置,可通过【视图管理器】对话框中的【分解】选项卡,来进行分解图(装配爆炸图)的新建、编辑等操作。

6. 装配体剖面图与零件剖面图的创建方法类似,具体可参见教材 4.8 小节。

7. 装配修改主要包括重定义零组件的装配约束关系、元件的隐含、恢复、隐藏、删除及修改、装配元件的复制与阵列、零件间的布尔运算、装配的干涉检查等。这些操作的主要作用是进一步完善零部件的装配、检查装配的合理性、生成新的零组件等。

实验十　工程图纸的创建

1. 将绘图参数"projection_type"的值设置为"first_angle",可以实现视图的投影方式为"第一角(First angle)投影"。通过设置"drawing_text_height"、"draw_arrow_style"等参数的值，可以控制工程图里文本的高度、箭头的形式。设置尺寸精度的方法主要有：①双击要改变精度的尺寸，在【尺寸属性】对话框【属性】选项卡中的【小数位数】框中，可以输入尺寸的小数位数；②通过【格式】→【小数位数】菜单项设置尺寸的显示精度；③在 Pro/ENGINEER 的选项配置(config. pro 文件)中设置"default_dec_places"和"sketcher_dec_places"的值，并通过工程图配制选项"lead_trail_zeros"设置后导零的显示状态。

2. 一般视图与投影视图之间的主要区别是：一般视图的投影方向可以任意指定，而投影视图的投影方向则由投影关系来确定；一般视图可以任意移动位置，与其相关的投影视图会自动调整其位置，而投影视图的位置移动受其投影父视图的约束；可以为一般视图定制比例，而投影视图的比例不能定制；一般视图是其他投影视图创建的基础。

3. 全剖视图是将整个视图以剖面的形式进行显示；半剖视图是将视图的一半以剖面的形式显示，另一半以完整形式显现；局部剖视图则由用户自己草绘要剖切的局部区域；旋转视图相当于我国《机械制图国家标准》中规定的机件常用表达方法中的断面图。全剖视图主要用于表达内部结构较复杂而外形相对简单的零件；半剖视图主要用于表达内部结构和外形都比较复杂、并且结构基本对称的零件；局部剖视图则可以灵活地表达出欲剖切的局部区域，用于零件中尚有内部结构形状未表达清楚但又不适合做全剖或半剖的情况；旋转视图主要用于表达零件上某个断面的形状。

4. 在要修改的视图上双击，或者选中要修改的视图后单击右键，在弹出的快捷菜单中选择【属性】，即可打开【绘图视图】对话框，在该对话框的【视图显示】选项中，可设置隐藏线的显示方式、相切边(线)的显示方式以及视图的显示模式。

5. 在工程图中添加技术要求可以通过制作无方向指引的注释来实现。

6. 在工程图模块中添加标题栏的主要过程如下：①通过【插入】→【表】菜单项，并根据标题栏的行数、列数、各行的高度、各列的宽度等信息，建立表格；②进行表格中相关单元格的合并等工作；③为各个表格单元格添加文字信息，并设定文字的格式。

7. 建立工程图模板文件的主要过程如下：①新建一个绘图文件，取消勾选"使用缺省模板"项，"缺省模型"设为"空"，"指定模板"设为"空"，并根据需要选择图纸的类型；②设置好绘图环境；③执行菜单项【应用程序】→【模板】；④执行菜单项【插入】→【模板视图】，打开【模板视图指令】对话框，进行模板视图的视图设置；⑤完成后存盘，可放于 Pro/ENGINEER 安装目录下的 Template 文件夹下，留待建立工程图时使用。建立一个完整的工程图的操作步骤如下：①新建绘图文件，选择适当的模板、格式以及绘图模型；②设置好绘图环境；③生成、编辑各个视图；④标注尺寸及尺寸公差，并调整尺寸标注；⑤绘制、显示视图的轴线、焊接符号、装饰特征等；⑥标注表面粗糙度、基准、形位公差等；⑦标注技术要求；⑧绘制图框、标题栏、明细表等。

实验十一　综合应用实验

1. 略。

2. 略。

3. 略。

附录 B Pro/ENGINEER 野火中文版 4.0 安装说明

下面以在 Windows XP 中安装 Pro/ENGINEER 野火中文版 4.0 说明单机的安装过程：

第一步：修改环境变量

为了能够在 Pro/ENGINEER 环境中使用中文的界面，需要设置中文的环境变量。具体方法是在桌面上右击"我的电脑"，从弹出的快捷菜单中选择"属性"菜单项，将弹出"系统属性"对话框，选择其中的"高级"选项卡，单击"环境变量"按钮，将会出现一个"环境变量"的对话框，选择系统变量区域下面的"新建"按钮，将弹出如图 1 所示的"新建系统变量"对话框，建立一个名为 lang 的系统变量，将变量值设置为 chs。

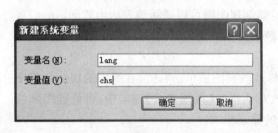

图1

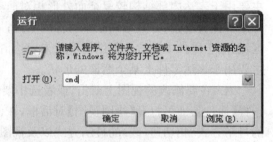

图2

第二步：建立许可证文件

（1）在桌面上选择"开始"-"运行"，在弹出的"运行"对话框的"打开"区域中输入"cmd"，然后单击"确定"按钮，系统将进入 DOS 环境中。

（2）在 DOS 提示符下输入"ipconfig/all"命令查看计算机网卡的物理地址，将此网卡的物理地址记录下来，如图 3 所示。

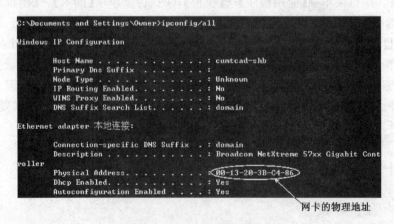

图3 查询网卡的物理地址

（3）将安装文件里面的 CRACK4.0 文件夹复制到硬盘中的某个位置,注意要保证这个文件夹以后不要被删除掉。用记事本打开 CRACK 文件夹里面的 PTC-LIC-4.0 文件。把记事本里面的计算机网卡的物理地址全部替换为你的计算机网卡的物理地址(方法:编辑—替换,然后按要求选择填选,全部替换)并将文件以原来的名称保存。

第三步:安装

（1）运行第一张光盘下的 setup.exe 文件,选择"下一个"按钮,将弹出"接受许可证协议"的界面,钩选"接受许可证协议的条款和条件",然后单击"下一个"按钮。

（2）在弹出的如图 4 所示的"选取要安装的产品"界面中选择第二项,即"Pro/ENGI-NEER & Pro/ENGINEER Mechanica"。

图 4　选取要安装的产品(第二项)

（3）在弹出的如图 5 所示的"定义安装组件"界面中指定 Pro/ENGINEER 软件的安装路径和需要安装的组件内容,然后单击"下一个"按钮。

（4）在弹出的"FLEXnet 许可证服务器"界面中选择"添加"按钮;在随后弹出的如图 6 所示的"指定许可证服务器"对话框中选择第三项"锁定的许可证文件(服务器未运行)"单选钮,并指定许可证的文件路径为第二步中所保存的许可证文件后,单击"确定"按钮。

（5）在弹出的如图 7 所示的"Windows 优先选项"界面中指定启动 Pro/ENGINEER 命令的快捷方式的放置位置、程序文件夹和启动目录(也就是 Pro/ENGINEER 缺省的工作目录),然后单击"下一个"按钮。

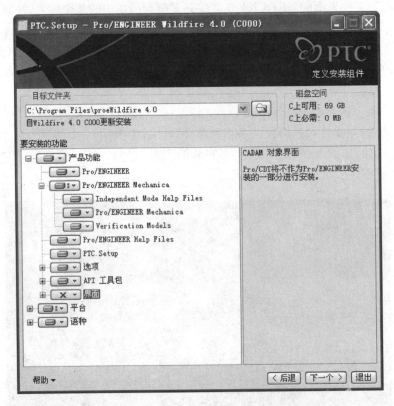

图 5　指定安装路径和安装的内容

（6）在弹出的"可选配置步骤"界面中直接单击"下一个"按钮。

（7）在弹出的"PTC OLE 服务器"界面中指定配制 PTC OLE 服务器的优先选项，注意选择语言为"简体中文"，然后单击"下一个"按钮，如图 8 所示。

（8）在弹出的"Pro/ENGINEER Mechanica 许可证配制"界面中单击"下一个"按钮。

（9）在弹出的"远程刀具路径计算服务器"界面中单击"下一个"按钮。

（10）在弹出的"帮助文件搜索路径"界面中单击"下一个"按钮。

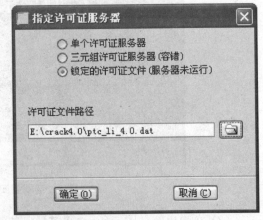

图 6　指定许可证文件路径

（11）在弹出的"Web 浏览器位置"界面中单击"安装"按钮。

（12）在后面接下来的过程，按照安装界面的提示分别插入第一、第二和第三张光盘，直至安装过程结束，选择"退出安装"按钮。

（13）把 crack 目录中的 wildfire. 4. 0. generic-patch. exe 文件复制到 Pro/ENGINEER 安装目录中 i486-nt 文件夹中的 obj 目录下，运行该文件，选择"Patch"按钮，在弹出的询问对话框中都回答"是"即可。

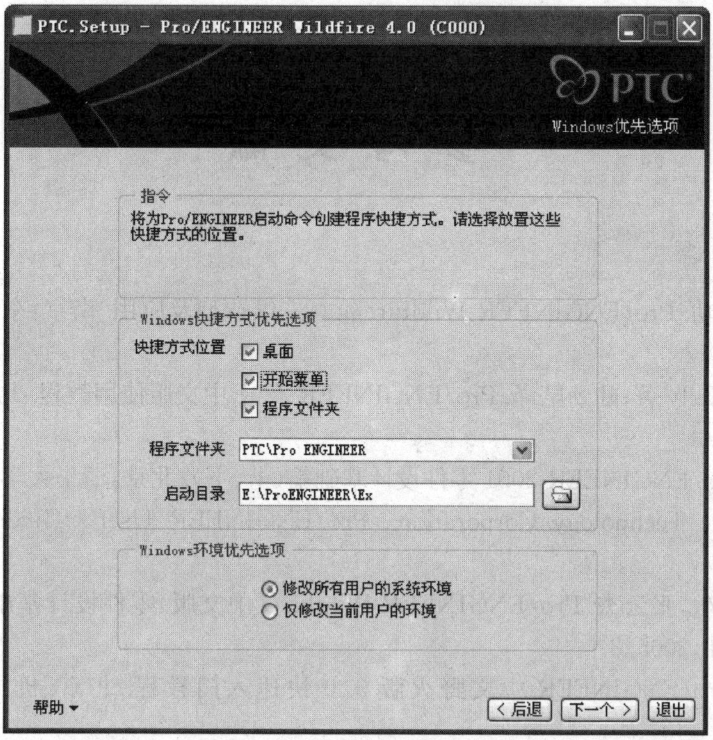

附　录

图 7　指定启动 Pro/ENGINEER 命令的快捷方式的放置位置、程序文件夹和启动目录

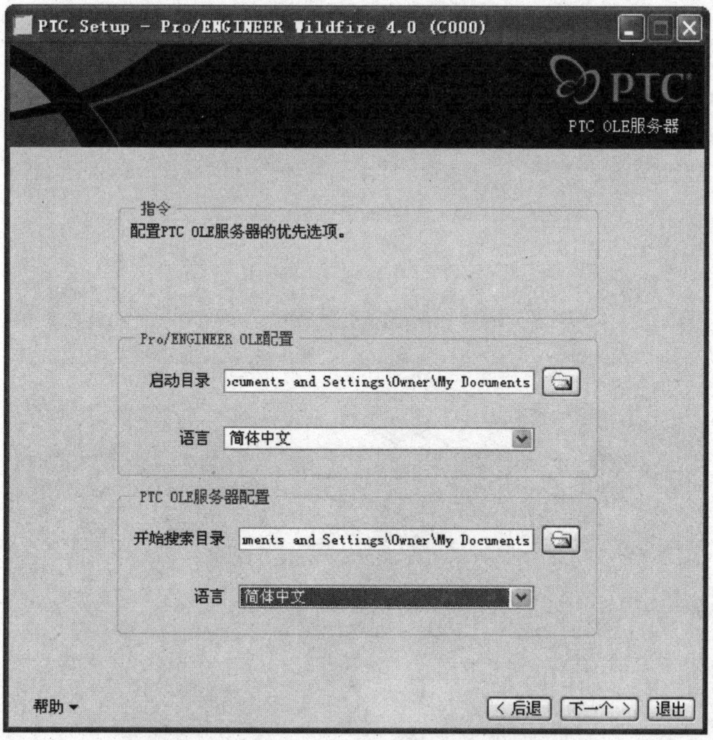

图 8　配制 PTC OLE 服务器的优先选项

参 考 文 献

1 孙海波,陈功. Pro/ENGINEER WildFire 4.0 三维造型及应用. 南京:东南大学出版社,
   2008.8
2 David S. Kelly 著;陆劲昆译. Pro/ENGINEER 2001 中文版使用教程. 北京:北京大学出
   版社,2002.3
3 林清安. Pro/ENGINEER 2001 零件设计基础篇(上、下). 北京:清华大学出版社,2004.4
4 Parametyric Technology Corporation. Pro/ENGINEER User's Guide. USA:PTC,
   2008
5 白晶,陶春生,张云杰. Pro/ENGINEER WildFire(中文版)零件设计基础篇. 北京:清华
   大学出版社,2005.3
6 詹友刚. Pro/ENGINEER 中文野火版 3.0 快速入门教程. 北京:机械工业出版社,
   2007.4